Heidelberger Taschenbücher Band 161

H. Preuß   F. L. Boschke

Die chemische Bindung

Eine verständliche Einführung

Mit 32 Abbildungen

Springer-Verlag
Berlin   Heidelberg   New York   1975

Prof. Dr. H. Preuß
Institut für Theoretische Chemie der Universität Stuttgart

Dr. F. L. Boschke
Springer-Verlag, Heidelberg

ISBN-13:978-3-540-07041-2   e-ISBN-13:978-3-642-66017-7
DOI: 10.1007/978-3-642-66017-7

Das Werk ist urheberrechtlich geschützt. Die dadurch begründeten Rechte, insbesondere die der Übersetzung des Nachdruckes, der Entnahme von Abbildungen, der Funksendung, der Wiedergabe auf photomechanischem oder ähnlichem Wege und der Speicherung in Datenverarbeitungsanlagen bleiben, auch bei nur auszugsweiser Verwertung, vorbehalten. Bei Vervielfältigungen für gewerbliche Zwecke ist gemäß § 54 UrhG eine Vergütung an den Verlag zu zahlen, deren Höhe mit dem Verlag zu vereinbaren ist. © by Springer-Verlag Berlin · Heidelberg 1975.
Library of Congress Cataloging in Publication Data. Preuß, Heinz Werner. Die chemische Bindung (Heidelberger Taschenbücher; Bd. 161) Bibliography: p. Includes index. 1. Chemical bonds. I. Boschke, Friedrich Ludwig, 1920– joint author. II. Title. QD461.P74 1975 541'.224 74-26573
Die Wiedergabe von Gebrauchsnamen, Handelsnamen, Warenbezeichnungen usw. in diesem Werk berechtigt auch ohne besondere Kennzeichnung nicht zu der Annahme, daß solche Namen im Sinne der Warenzeichen- und Markenschutz-Gesetzgebung als frei zu betrachten wären und daher von jedermann benutzt werden dürften.
        Gesamtherstellung: Oscar Brandstetter Druckerei KG, Wiesbaden.

Vorwort

Die chemische Bindung läßt sich nur dann anschaulich darstellen, wenn man eine Reihe von falschen, das heißt, mit der Erfahrung nicht übereinstimmenden Feststellungen in Kauf nimmt, wie es gelegentlich noch immer geschieht.

Ein derartiges Vorgehen verschenkt viele Möglichkeiten, die heute der Theorie gegeben sind, und schadet ihrem ureigensten Anliegen: die mannigfaltigen chemischen Erfahrungen zu ordnen, auf wenige Grundbegriffe zurückzuführen und, darauf aufbauend, Voraussagen zu machen, die dann wieder das präparative Vorgehen beeinflussen können.

Wenn auch oft zwischen koordinativer und kovalenter Bindung oder zwischen Ionen- und homöopolarer Bindung unterschieden wird, so sind diese Vorstellungen doch alle nur dadurch entstanden, daß ein im Grunde immer gleicher „Bindungsmechanismus" von verschiedenen Seiten betrachtet wird. Das gilt z.B. auch für die Van-der-Waals-sche Wechselwirkung oder für die Wasserstoffbrückenbindung. Hier spielen u.a. historische Aspekte (aus einer Zeit vor Entwicklung der Quantentheorie) eine große Rolle, die heute Verwirrung stiften und die durch die viel zu ernst genommenen Unterscheidungen den Weg zum Verständnis der chemischen Bindung verbauen, zumindest erschweren.

In Anbetracht dieser Tatsache haben wir dagegen versucht, eine weitgehendst strenge Wissenschaftlichkeit mit einer möglichst einfachen Darstellung zu verknüpfen, wobei auch der mathematische Aufwand gering gehalten wurde. Dies schien nur möglich, wenn auf Details verzichtet und der qualitativen Diskussion der Vorrang gegeben wurde. Nur das wesentlichste wurde konsequent behandelt. Wir haben dabei bewußt die Wellenfunktion als Beschreibungsgröße nur dort behandelt, wo es unumgänglich nötig war, und die der Messung unmittelbar zugängliche Elektronendichte stärker herausgestellt, was nicht heißen soll, daß die Wellenfunktion nicht so bedeutungsvoll wäre; das Gegenteil ist der Fall.

Schließlich haben wir im Rahmen der Theorie auch einige halbempirische Vorstellungen und Formeln dargelegt, die nicht nur für den Chemiker sehr nützlich sein können, sondern auch von der Theorie her manche interessanten Aspekte aufzeigen.

Der Stoff wurde teilweise der Anfängervorlesung „Einführung in die Theoretische Chemie" von H. Preuß, Teil I und II, entnommen, die an der Universität Stuttgart gehalten wurde, teilweise aber auch Vorträgen und Publikationen desselben Autors aus den letzten Jahren.

Der Mikrokosmos der Elektronen und Atomkerne läßt sich nur Wellenmechanisch richtig beschreiben. Wir hoffen, daß es uns hier gelingt, auch dem weniger Vorbereiteten die grundlegenden Einsichten zu vermitteln, damit er erkennt, welche wenigen Naturgesetze es sind, die die mannigfaltigen Erfahrungen der Chemie beherrschen und Anlaß geben zu der ungeheuren Vielfalt der Verknüpfungen zwischen Atomen.

Stuttgart, Heidelberg H. Preuss
im Januar 1975 F. L. Boschke

Inhaltsverzeichnis

I. Elektronen und Atomkerne 1

  1. Vom Versagen der „alltäglichen" Vorstellungen 1
  2. Das Verhalten der Elektronen 2
  3. Die Heisenberg'sche Unschärferelation 3
     Betrachtungen zur Heisenberg'schen Unschärferelation 6

II. Was können wir grundsätzlich über die Elektronenbewegungen wissen? . 9

  1. Aufenthaltswahrscheinlichkeit 9
     Aufenthaltswahrscheinlichkeit bei mehreren Elektronen 10
     Der Elektronenspin (Eigendrehimpuls) 12
     Berücksichtigung der Atomkerne 12
     Der Bindungsabstand 13
  2. Die Elektronendichte ϱ 13
     Volumenelemente addieren 15
     Die γ-Funktion 16
     Elektronendichte im n-Elektronensystem 18
  3. Stationäre und nichtstationäre Zustände 18
     Die Wellenfunktion ψ 21
     Erweiterung auf mehrere Elektronen 23

III. Das Periodensystem als Ausdruck des Elektronenverhaltens 24

  1. Die Quantenzahlen 24
     Knotenflächen und Knotenkugeln 26
     Orbitale 27
  2. Mehrelektronensysteme 29
     Aufbauprinzip und Elektronenkonfiguration 31
     Ionisierungsenergien 34
     Verbindung zum Periodensystem 35
     Das Pauli-Prinzip 37
     Bedeutung des Pauli-Prinzips 38
     Zur Darstellung der Gesamtelektronendichte 41
  3. Die Elektronegativitäten 42
     Valenzstrich-Struktur und Bindungsenergien 46
     Die Bindungsradien 48

IV. Die „Anschaulichkeit" der chemischen Bindung 50
   1. Ein sehr wichtiger Näherungsstandpunkt 50
   2. Die chemische Bindung 54
   3. Einige halbempirische Vorstellungen 59

V. Eine Systematik der chemischen Bindung 61
   1. Die Molekülorbitale (MO) 61
   2. Lokalisierte Orbitale und Valenzstrich-Schema 65
   3. Die Näherung der Linearkombination von Atomorbitalen 72

VI. Wie werden Elektronenverteilungen (Materiewellen) berechnet? 76

Liste der häufiger verwendeten Symbole 79

Sachverzeichnis 81

I. Elektronen und Atomkerne

1. Vom Versagen der „alltäglichen" Vorstellungen

Atome und Moleküle bestehen aus positiv geladenen Atomkernen und negativen Elektronen. Die Ladungen der Elektronen betragen

$$-e = 4{,}8029.. \times 10^{-10} \quad \text{elektrostatische Einheiten}$$

und die Massen der Elektronen

$$m = 9{,}103.. \times 10^{-28} \text{ g}.$$

Da in der Natur bisher keine kleineren Ladungsmengen als e beobachtet wurden, nennen wir e *die Elementarladung*. Die Atomkerne enthalten ganzzahlige Vielfache (Z-fache) der positiven Elementarladung $+e$ (also $Z \cdot +e$).

Alle Eigenschaften der Materie (soweit sie aus Atomen und Molekülen besteht) müssen aus den Eigenschaften von Atomkernen und Elektronen und aus deren Wechselwirkungen folgen!

Die Frage nach den Zusammensetzungen der Atomkerne ist nicht Gegenstand der Theoretischen Chemie und besonders nicht der chemischen Bindungstheorie. Wir gehen hier allein aus von

der	*Masse der Elektronen*	m
den	*Ladungen*	e
den	*positiven Kernladungen*	Z
und den	*Atomkernmassen*	M.

Die Erfahrung hat gezeigt, daß Elektronen immer (Atomkerne häufig) einen *Drehimpuls* (Eigendrehimpuls) besitzen. Er beträgt für Elektronen in einer vorgegebenen Richtung $h/2\pi$

In dieser Formulierung ist

$$h = 6{,}625 \times 10^{-27} \text{erg} \cdot \text{sec}.$$

Wir nennen h die *Planck'sche Konstante;* auch der Ausdruck Planck'sches Wirkungsquantum ist üblich, da h die Dimension einer Wirkung hat. h wurde im Jahre 1900 von Max Planck als eine grundlegende Naturkonstante erkannt.

Den Eigendrehimpuls von Atomkernen und Elektronen nennen wir auch den *Spin* eines Teilchens.

Die negativen Elektronen befinden sich im Umkreis der Atomkerne, wobei ihre Bewegungen das Zusammenfallen mit den positiven Atomkernen verhindern. Diese Bewegungen entsprechen nicht den Gesetzen der klassischen Mechanik und Elektrodynamik. Wäre dies der Fall, so würden Atome und Moleküle Energie ausstrahlen, denn die Bewegungen der Elektronen sind beschleunigte Bewegungen auf geschlossenen Bahnen, die nach klassischen Gesetzen nicht strahlungslos sein könnten.

Danach muß für Elektronen eine andere Beschreibungsform gefunden werden, die mit den Erfahrungen im Einklang steht. Wir nennen diese die *Wellen- (oder Quanten-)mechanik*. Sie wurde in ihren wesentlichen Grundzügen in den Jahren 1925/26 entwickelt. Sie gilt auch für die Bewegungen von Atomkernen und sie geht in die klassische Mechanik über, wenn die Massen der beobachteten Teilchen eine gewisse Größe erreichen.

2. Das Verhalten der Elektronen

Fallen Elektronen (Elektronenstrahlen) mit der Geschwindigkeit v durch einen ausreichend engen Spalt, so treten auf einem dahinterliegenden Schirm Beugungsbilder auf (schematisch in Abb. 1 angedeutet). Das Beugungsbild, die Streifenfolge, wird von der Wellenlänge λ der einfallenden Strahlung bestimmt.

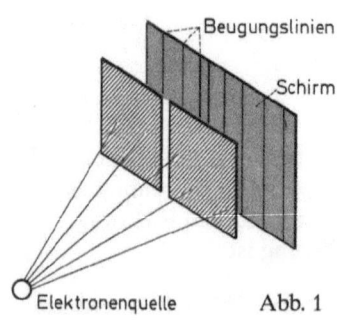

Abb. 1

Elektronen gleicher Geschwindigkeit v verhalten sich dabei wie eine Wellenstrahlung (de Broglie 1924). Die *Wellenlänge* läßt sich als

$$\lambda = \frac{h}{mv} = \frac{\text{Plancksche Konstante}}{\text{Elektronenmasse} \cdot \text{Geschwindigkeit}} \qquad (1)$$

angeben.

Diese Beziehung (1) gilt auch für andere „Teilchen" (Atomkerne, Atome und Moleküle), wenn in die Gleichung ihre entsprechenden Massen eingesetzt werden. Wie die Formel sagt, wird mit wachsender Masse die Wellenlänge immer kleiner. Das wiederum führt dazu, daß schließlich keine Beugung mehr eintritt, da nun die Breite des Spaltes zu groß gegenüber der Wellenlänge ist. Dann verhalten sich die den Spalt passierenden „Teilchen" bereits nach den Regeln der klassischen Mechanik. Man kann bei ihnen nun von einer „*Bahnbewegung*" sprechen, weil zur gleichen Zeit ihr Ort und ihre Geschwindigkeit praktisch beliebig genau meßbar sind (Definition der Bahnbewegung). Bei kleinen Massen hingegen, bei denen der Bahnbegriff nicht brauchbar ist, müssen die Bewegungen auf andere Weise beschrieben werden.

3. Die Heisenberg'sche Unschärferelation

Man kann die Zusammenhänge verstehen, wenn man Abbildung 1a betrachtet.

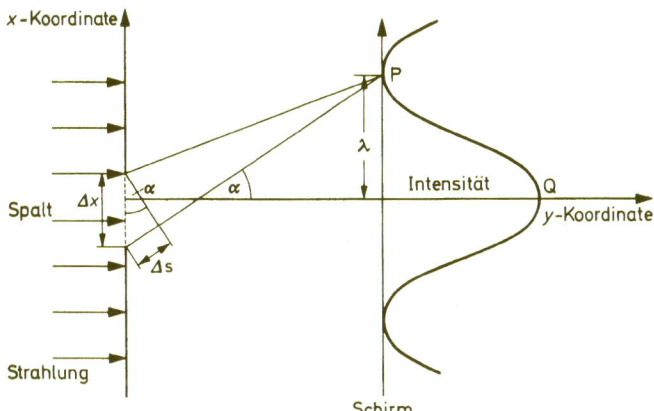

Abb. 1a. Versuchsanordnung von oben gesehen. Von links kommend fällt Elektronenstrahlung mit einheitlicher Wellenlänge λ auf einen Spalt der Größe Δx. Auf dem Schirm entsteht ein Beugungsdiagramm. Die Strahlungsintensität auf dem Schirm besitzt ein Maximum in Q, ein Interferenzminimum in P.

Der Elektronenstrahl fällt in die y-Richtung. Der Spaltdurchmesser beträgt Δx[1]. Die Wellen werden am oberen und unteren Rand des Spaltes gebeugt. Rechts ist die Intensität der Strahlung, die auf einen Schirm trifft, graphisch aufgetragen. Entscheidend ist der Gangunterschied Δs. Man erkennt, das Resultat der Beugung entspricht der Wellenlänge λ, mit einem Intensitätsmaximum bei Q und einem Minimum bei P.

Für den Winkel zum ersten Intensitätsminimum (Punkt P) gilt die einfache Beziehung

$$\Delta s = \Delta x \sin\alpha = \lambda$$

denn $$\frac{\Delta s}{\Delta x} = \sin\alpha \qquad (2)$$

und $$\Delta s = \lambda$$

Im Augenblick des Spaltdurchgangs ist die Lage jedes Elektrons um den Betrag Δx genau bekannt. Im Gegensatz zum Zustand vor dem Spalt (*Impuls p_y*) besitzen die Elektronen nach dem Durchtritt durch den Spalt auch einen Impuls in x-Richtung.

Diese Richtungsänderung wird durch den Winkel α gekennzeichnet. Wir nennen die Impulsänderung der Elektronen in x-Richtung Δp_x. Aus der Zeichnung 1a entnimmt man

$$\Delta p_x = p_y \operatorname{tg}\alpha = p_y \frac{\sin\alpha}{\cos\alpha}, \qquad (3)$$

Die Formel (3) kann man auch der Abbildung 1b entnehmen, wenn man sich erinnert, daß der Tangens in einem rechtwinkligen Dreieck einem bestimmten Verhältnis der Katheten entspricht.

Elektronen, die mit einem Ablenkungswinkel α aus der y-Richtung kommend den Spalt nach rechts verlassen, besitzen einen Impuls Δp_x in x-Richtung. Dieser Impuls Δp_x ergibt zusammen mit der Impulskomponente in y-Richtung (genannt p_y) den Gesamtimpuls, den das Elektron schon vor dem Spalt gehabt hat.

Da ein Impuls das Produkt aus Masse·Geschwindigkeit ist, dürfen wir schreiben:

$$p_y = m \cdot v_y,$$

wobei v_y die Geschwindigkeit in der Richtung y sein soll.

---

[1] Wir führen das Symbol Δ (Delta) ein, wenn es sich um einen bestimmten Betrag einer Größe oder um eine Differenz handelt.

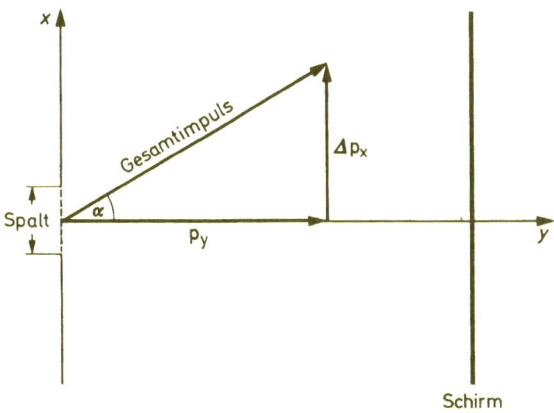

Abb. 1 b. Zur Ableitung der Tangens-Funktion

Erinnern wir uns nun an Formel (1), $\lambda = \frac{h}{mv}$, was ja gleich ist mit

$$m \cdot v = \frac{h}{\lambda} = p$$

und formen wir die Gleichung (3)

$$\Delta p_x = p_y \frac{\sin\alpha}{\cos\alpha}$$

um, so erhalten wir

$$\Delta p_x = \frac{h}{\lambda} \cdot \frac{\sin\alpha}{\cos\alpha} \qquad (4)$$

Für Winkel kleiner oder gleich 90°, $\alpha \leqslant 90°$, ist der Wert stets kleiner als 1:

$$\cos\alpha \leqslant 1 \qquad (5)$$

Damit können wir aus (4) eine Ungleichung formulieren:

$$\Delta p_x \geqslant \frac{h}{\lambda} \sin\alpha. \qquad (6)$$

Setzt man nun $\sin\alpha$ aus (2) in Gleichung (6) ein, so hebt sich λ weg und man bekommt

$$\Delta x \, \Delta p_x \geqslant h \qquad (7\mathrm{a})$$

Dieses Resultat ist die berühmte und für uns so entscheidend wichtige *Heisenberg'sche Unschärferelation*. Ihre Aussage ist von universellerer Natur als hier „abgeleitet". Die Gleichung gilt prinzipiell und besagt:

> Ort und Impuls jedes Teilchens sind zu jedem Zeitpunkt ungenau bestimmbar.

Es handelt sich hier um eine grundsätzliche Eigenschaft der Teilchen (Elektronen).

Selbstverständlich kann man die Gleichung auch in anderen Koordinaten als x schreiben, da wir uns ja nicht auf eine Koordinate festzulegen brauchen. Wir schreiben also ebenso für y

$$\Delta y\, \Delta p_y \geqslant h, \tag{7b}$$

und für die Koordinate z

$$\Delta z\, \Delta p_z \geqslant h. \tag{7c}$$

Betrachtungen zur Heisenberg'schen Unschärferelation

Die Heisenberg'sche Unschärferelation sagt uns, daß in unserem Beispiel weder der Ort noch der Impuls eines Teilchens beliebig genau meßbar ist (denn das würde bedeuten, daß entweder $\Delta x = 0$ oder $\Delta p_x = 0$ sein muß, was beispielsweise der Gleichung (7a) widersprechen würde).

Erst wenn die Masse der Teilchen größer wird, werden Ort und Geschwindigkeit wieder exakt meßbar, was man aus der Beziehung

$$\Delta x\, \Delta v_x \geqslant \frac{h}{M} \tag{8}$$

ersieht, die ebenfalls aus (7a) hervorgeht, wenn

$$p_x = M v_x \tag{9}$$

in (7a) eingesetzt wird.

Unsere neue Gleichung (8) gilt natürlich wieder auch für die y- und z-Koordinate.

Läßt man M in (8) immer größer werden, so geht diese Ungleichung in die Form

$$\Delta x\, \Delta v_x \geqslant 0 \tag{10}$$

über und das bedeutet, daß Ort und Impuls beliebig genau gemessen werden können: das Charakteristikum für eine Bewegung auf einer Bahn ist wieder erfüllt.

Setzen wir als Beispiel etwa $M = 1$ mg, so erhalten wir ungefähr

$$\Delta x \Delta v_x \geq \frac{h}{M} \approx 7 \cdot 10^{-24} \left[\frac{cm^2}{sec}\right], \tag{11}$$

wenn wir den Wert von h auf Seite 1 benutzen. Hier ist eine Bahnbewegung gegeben, da das Produkt $\Delta x \Delta v_x$ sehr klein sein kann.

Wenn M sich zu den Massen der Atomkerne verkleinert

$$4 \cdot 10^{-22} g \geq M \geq 2 \cdot 10^{-24} g \tag{12}$$

ergibt sich h/M zu

$$1{,}6 \cdot 10^{-3} \frac{cm^2}{sec} \geq \frac{h}{M} \geq 1{,}6 \cdot 10^{-5} \frac{cm^2}{sec}. \tag{13}$$

So kann für

$$\frac{h}{M} \simeq 10^{-4} \frac{cm^2}{sec}$$

der *Ort eines Atomkerns* z. B. auf 10^{-9} cm genau gemessen werden, wenn man eine prinzipielle Ungenauigkeit in der Geschwindigkeit von 10^5 cm/sec = 1 km/sec in Kauf nimmt. Wollen wir dagegen den Ort eines Atomkerns nur auf rund 10^{-6} cm genau wissen (ungefähr 100-facher „Durchmesser" des Wasserstoffatoms), so könnten wir prinzipiell seine Geschwindigkeit auf 100 m/sec genau erfahren. Das ist noch ein quasi-klassisches Verhalten.

Anders liegen die *Verhältnisse beim Elektron*. Hier ergibt sich, wegen der kleinen Masse,

$$\Delta x \Delta v_x \geq 7 \frac{cm^2}{sec}. \tag{14}$$

Würden wir jetzt die Genauigkeit der Ortsmessung auf den oben genannten „Durchmesser" des H-Atoms (10^{-8} cm) beschränken, so ist jede Geschwindigkeitsmessung bestenfalls auf 7000 km/sec genau, dies liegt in der Natur des Elektrons. Die Wirkungssphäre des Wasserstoffatoms von ungefähr 10^{-8} cm (1 Å Angström) als Meßgenauigkeit ist aber noch viel zu groß, um schon eine brauchbare Information über den Aufenthaltsort des Elektrons zu erhalten. Das heißt:

> *Die Bewegungen des Elektrons können nicht als Bahnbewegungen beschrieben werden, wie wir dies von Körpern unserer alltäglichen Erfahrung kennen.*

Diese Aussage ist ein Naturgesetz und damit eine Eigenschaft des Elektrons, die sich aus der Unschärferelation ergibt, wenn die Masse m des Elektrons dort eingesetzt wird.

Je größer die Masse der zu betrachtenden (und zu beschreibenden) Teilchen (Körper) ist, desto genauer kann von einer Bahnbewegung gesprochen werden. Alle makroskopischen Körper bewegen sich auf Bahnen, deren gleichzeitige Ungenauigkeiten in Ort und Geschwindigkeit weit unterhalb der Meßgenauigkeit liegen, wie sich mit der Unschärferelation zeigen läßt.

Wir werden sehen, daß gerade diese Eigenschaft der Elektronen den Schlüssel zum Verständnis der chemischen Bindung darstellt, denn *Bahnbewegungen würden keine Molekülbildung gestatten!* Würde sich ein Elektron wie ein geladenes Teilchen beschleunigt auf einer Bahn bewegen, so müßte es Energie in Form von Strahlung (elektromagnetische Welle) abgeben, also Bewegungsenergie verlieren. Nicht einmal ein stabiles Wasserstoffatom wäre so denkbar. Mit Hilfe der Unschärferelation (in der Literatur gelegentlich auch Unbestimmtheitsrelation genannt) aber kann der Widerspruch zwischen „Bahnbewegung" und Elektronenbewegung überbrückt werden.

Die chemische Bindung, die zur Molekülbildung führt, ist also ein Phänomen, das an die Kleinheit der beteiligten Teilchen (Elektronen) geknüpft ist und nur daraus verstanden werden kann.

II. Was können wir grundsätzlich über die Elektronenbewegungen wissen?

1. Aufenthaltswahrscheinlichkeit

Die Unschärferelation mag zu dem Schluß verleiten, im Rahmen der Atom- und Moleküldimensionen seien keine nachprüfbaren Voraussagen mehr möglich, zumindest sei unsere Erkenntnismöglichkeit sehr stark eingeschränkt. Eher ist das Gegenteil der Fall. Die Beziehung (14) für Elektronen löste nicht nur Widersprüche auf, sondern führt uns zu Aussagen, die mit der Erfahrung vollständig übereinstimmen. Damit hat die Naturwissenschaft hier ein ganz wesentliches und fundiertes positivistisches Element erhalten.

Da wir vom Elektron wissen, daß es durch Bahnvorstellungen nicht beschrieben werden kann, müssen wir statistisch vorgehen. Die *Wahrscheinlichkeit*, ein Elektron im Zeitpunkt t im *Volumenelement*

$$\Delta x \, \Delta y \, \Delta z = \Delta \tau$$

zu finden, wollen wir ΔW nennen. Die Wahrscheinlichkeit für seine Anwesenheit in diesem Volumenelement hängt aber natürlich nicht nur von der Zeit t ab, sondern auch von den Raumkoordinaten x, y, z (kartesische Koordinaten), grob gesagt: von der Größe des betrachteten Raumes.

Wir formulieren also:

Die Aufenthalts-wahrscheinlichkeit für das Elektron	=	Funktion der Raumkoordinaten,	der Zeit,	des Volumenelementes

und schreiben dasselbe mit mathematischen Symbolen:

$$\Delta W = \Lambda \, (x, y, z, t) \, \Delta \tau \qquad (15)$$

Das heißt: Die Aufenthaltswahrscheinlichkeit ΔW wird für ein Elektron bei gleicher Größe des Volumenelementes von der Größe der Funktion Λ abhängen. Damit ist die Beschreibung des Elektronenverhaltens auf die hier eingeführte Funktion Λ zurückgeführt. Was bedeutet diese neue Funktion? Sie kann nicht nur von der Zeit t, sondern muß auch von dem Raumpunkt xyz abhängen, der innerhalb des Volumenelements $\Delta\tau$ liegen muß.

Sehen wir uns die Gleichung (15) einmal genauer an. Der Wert ΔW wird als *Aufenthaltswahrscheinlichkeit* immer kleiner, je kleiner wir uns das Volumenelement $\Delta\tau$ denken. Da die Wahrscheinlichkeit für das Finden des Elektrons sich auf $\Delta\tau$ bezieht, muß dieses Volumenelement ausreichend klein angenommen werden, damit sich $\Lambda(x,y,z,t)$ darin praktisch nicht ändert, denn sonst wäre ΔW — wie oben angegeben — nicht zu definieren. Bringen wir $\Delta\tau$ auf die linke Seite, so wird aus unserer Gleichung (15) jetzt

$$\frac{\Delta W}{\Delta\tau} = \Lambda(x,y,z,t) \tag{16}$$

Wir sehen, daß Λ *die Bedeutung einer Aufenthaltswahrscheinlichkeitsdichte* hat (Wahrscheinlichkeit pro Volumenelement).

$$\Lambda = \frac{\text{Aufenthaltswahrscheinlichkeit}}{\text{Volumeneinheit}}. \tag{16a}$$

Eine solche Definition steht in Einklang mit der Erfahrung, denn, lassen wir in unserem „Spaltversuch" (Abb. 1a) nur *ein* Elektron durch den Spalt fliegen (was experimentell möglich ist), so erhalten wir kein sehr schwaches Beugungsbild, sondern wir beobachten an einem Punkte des Schirmes das Auftreffen des Elektrons, etwa durch eine Szintillation (Lichtpünktchen beim Auftreffen). Wiederholen wir den Versuch, so stellen wir fest, daß die Elektronen häufiger (also wahrscheinlicher) dort auftreffen, wo auch das Beugungsbild seine Intensitätsmaxima hat. Mit anderen Worten: im Falle des Spaltversuches kann Λ (in Abb. 1a) mit der Intensität des Beugungsbildes gleichgesetzt werden.

> Handelt es sich um das eine Elektron des Wasserstoffatoms, so ist Λ die *Wahrscheinlichkeitsdichte dieses Elektrons um das Proton herum!*

Aufenthaltswahrscheinlichkeit bei mehreren Elektronen

Betrachten wir ein System aus mehreren Elektronen, so muß (16) erweitert werden. Dies kann so geschehen, daß ΔW in

$$\Delta W = \Lambda(x_1,y_1,z_1, x_2,y_2,z_2,..z_n\, t)\, \Delta\tau_1 \Delta\tau_2 .. \Delta\tau_n \tag{17}$$

die Wahrscheinlichkeit bedeutet, jeweils *ein* Elektron in den Volumenelementen $\Delta\tau_1\,\Delta\tau_2\,\Delta\tau_3$ usw. bis $\Delta\tau_n$ zu finden. Insgesamt liegt uns damit ein System von n Elektronen vor (für $n=1$ geht (17) wieder in (15) über). Für die Größe von $\Delta\tau_1$ bis $\Delta\tau_n$ gilt das gleiche wie für $\Delta\tau$ in (15). Die Koordinaten $x_i, y_i, z_i (i=1, 2, \ldots n)$ liegen wieder in $\Delta\tau_i = \Delta x_i \Delta y_i \Delta z_i$ und die Lage der Volumenelemente im Raum ist je nach Fragestellung beliebig.

Betrachten wir als ein Beispiel das Helium-Atom ($n=2$), wie in Abb. 2 skizziert.

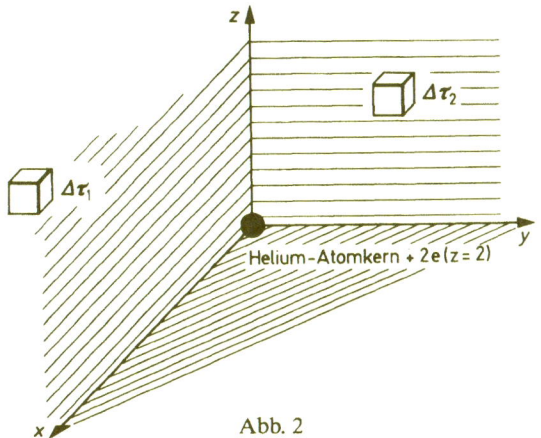

Abb. 2

Die Betrachtung der Aufenthaltswahrscheinlichkeit ΔW nach (17) ergibt, daß bei gleichbleibenden Größen von $\Delta\tau_1$ und $\Delta\tau_2$ die Aufenthaltswahrscheinlichkeit maximal ist, wenn sich die beiden Volumina gegenüberstehen und der dazwischenliegende Atomkern ($+Ze=2e$) den Abstand halbiert. *Das heißt: die Elektronen weichen sich gegenseitig aus.* Das aber kann nicht beliebig geschehen, denn die Aufenthaltswahrscheinlichkeit ΔW nimmt ab, wenn der Abstand der beiden Volumina wächst. Das bedeutet, es wird ein absolutes Maximum von ΔW bei *einem bestimmten Abstand vom Atomkern* erreicht, womit ein Gebiet relativ hoher Aufenthaltswahrscheinlichkeit gefunden wäre (was an eine Schalenstruktur erinnert).

Untersucht man auf diese Weise das Kohlenstoffatom ($n=6$), so erhält man unter anderem die Aussage, daß vier Volumina maximaler Aufenthaltswahrscheinlichkeit für Elektronen an den Ecken eines regelmäßigen Tetraeders liegen müssen, während die beiden anderen Elektronen in Kernnähe sind. Damit ist uns schon ein Hinweis auf das Bindungsverhalten des Kohlenstoffatoms gegeben!

Der Elektronenspin (Eigendrehimpuls)

Was das Bindungsverhalten angeht, so müssen wir die Aufenthaltswahrscheinlichkeitsdichte Λ noch bezüglich des *Elektronenspins* ergänzen. Die Erfahrung zeigt nämlich, daß dessen Raumlage nicht beliebig ist, sondern die Spin-Achse nur bestimmte Richtungen annehmen kann. Prägen wir dem Elektronensystem eine Vorzugsrichtung auf (etwa durch ein homogenes elektrisches Feld oder auch einfach dadurch, daß die Atomkerne eine Konstellation haben, die eine Richtung auszeichnet), so kann der Spin eines jeden Elektrons bezüglich der Vorzugsrichtung zwei Stellungen einnehmen. Wir wollen diese Spin-Richtungen bildlich mit ↑ und ↓ kennzeichnen. Zu den Ortskoordinaten x_i, y_i, z_i kommen damit noch sogenannte *„Spinkoordinaten"* σ_i, die in Λ enthalten sind. Sie können nur zwei Werte haben, die wir mit σ^+ (↑) und σ^- (↓) bezeichnen wollen. (Wir betonen bei dieser Gelegenheit nochmals, daß diese Erweiterung von Λ ausschließlich von der Erfahrung her impliziert wurde.)

Wir haben unter Berücksichtigung der Spinkoordinaten jetzt zu schreiben

$$\Lambda \equiv \Lambda(\underbrace{x_1, y_1, z_1}_{\text{Raumkoordinaten}}, \underbrace{\sigma_1}_{\text{Spin}}, x_2, \ldots, z_n, \sigma_n, \underbrace{t}_{\text{Zeit}}) \tag{18}$$

Diese Größe ist es, mit deren Hilfe die Beschreibung der Elektronenbewegung möglich ist, und die an die Stelle einer unzulässigen klassischen Bahnbeschreibung tritt. Mehr als aus Λ zu erhalten ist, kann über die Elektronenbewegungen nicht erfahren werden!

Berücksichtigung der Atomkerne

Zu den Elektronenbewegungen können wir an dieser Stelle leicht auch noch die *Bewegung der Atomkerne* hinzunehmen, denn auch für sie gelten die statistischen Aussagen der Gleichung (18). Führen wir also noch die *Kern*koordinaten X_k, Y_k, Z_k ($k = 1 \ldots N$) ein. Dabei gehen wir von N Atomkernen aus. Für Λ schreiben wir jetzt

$$\Lambda \equiv \Lambda(\underbrace{x_1 \ldots z_n, \sigma_n}_{\text{Elektronen}}, \underbrace{X_1, Y_1, Z_1}_{\text{Kern}}, X_2, \ldots, Z_N, \underbrace{t}_{\text{Zeit}}), \tag{19}$$

Daß manche Atomkerne zusätzlich einen Eigendrehimpuls besitzen können, wollen wir hier nur vermerken.

Im Sinne von (17) ist nun folgerichtig

$$\Delta W = \Lambda \Delta\tau_1 \ldots \Lambda\tau_n \Delta T_1 \ldots \Delta T_N \tag{20}$$

ΔW die Wahrscheinlichkeit dafür, daß im Zeitpunkt t jeweils ein Elektron im Volumenelement $\Delta\tau_i$ und jeweils ein Atomkern im Volumenelement ΔT_k zu finden sind, *wenn* die n Elektronen die „Spinstellungen" σ_i (σ^+ oder σ^-) haben. Λ hängt somit wesentlich von der Spinkoordinate ab. Das obige Ergebnis wird z.B. beim C-Atom nur erhalten, wenn für die sechs Spin-Stellungen σ_i folgendes gilt:

$$\sigma_1^+ \sigma_2^- \sigma_3^+ \sigma_4^+ \sigma_5^+ \sigma_6^+. \tag{21}$$

Das heißt: man erhält das Resultat nur, wenn vier der sechs Elektronen ihre Spins parallel stellen, während die anderen beiden, wie man sagt, ihre Spins „absättigen" (Antiparallelstellung).

Der Bindungsabstand

Als Beispiel für die *Bewegungen der Atomkerne* wählen wir zwei Kerne ($N=2$), die den Abstand R voneinander haben. Im Falle dieses zweiatomigen Moleküls (etwa H_2) kann man aus

$$\Delta W = \Lambda \ldots \Delta T_1 \Delta T_2 \tag{22}$$

ablesen, daß ΔW maximal wird, wenn die beiden Volumenelemente ΔT_1 und ΔT_2 einen bestimmten Abstand R_0 voneinander haben. Diesen können wir den *Bindungsabstand* $R = R_0$ nennen.

Dabei gehen wir davon aus, daß alle $\Delta\tau_i$ an Stellen liegen, wo ebenfalls ein maximales ΔW erreicht wird. Die beiden Atomkerne halten sich also am wahrscheinlichsten im Abstand R_0 voneinander auf.

Entsprechende Überlegungen können für $N > 2$ angestellt werden.

2. Die Elektronendichte ϱ

Für ein einzelnes Elektron sehen wir aus der Gleichung (16), daß Λ einer *Elektronendichte*, $\varrho(x,y,z,t)$, entspricht. Multiplizieren wir ϱ bzw. Λ noch mit der Elementarladung e, so erhalten wir daraus die *Ladungsdichte eines Elektrons*

$$e\varrho(x,y,z,t) \quad (= \text{Ladungsdichte eines Elektrons}) \tag{23}$$

Nähert sich unserem Elektron nun ein anderes geladenes Teilchen, so wird die Wechselwirkung mit dem Elektron durch die Häufigkeitsverteilung des Elektrons bestimmt.
Die Gleichung (15)

$$\Delta W = \Lambda(x,y,z,t)\Delta\tau$$

führt aber noch zu einer weiteren Aussage. Summieren wir alle ΔW über den Raum $\mathfrak{R}$, so erhalten wir die Wahrscheinlichkeit, ein Elektron in diesem Raum zu finden. Wir können nun sagen, wie die Sicherheit ist, daß ein Elektron sich irgendwo im ganzen Raum befinden muß. Setzen wir willkürlich fest, daß die Wahrscheinlichkeit (Sicherheit) den Wert Eins haben soll, so können wir aus Gleichung (15) ableiten[1]:

$$\sum_{\mathfrak{R}}\Delta W = \sum_{\mathfrak{R}}\Lambda\Delta\tau = 1 \qquad (24)^1$$

Die Summe ($\sum$) der Aufenthaltswahrscheinlichkeiten ist hier mit dem Symbol $\mathfrak{R}$ verknüpft. Das Symbol $\mathfrak{R}$ bedeutet dabei, daß die Summe aller Aufenthaltswahrscheinlichkeiten bezüglich des *ganzen* Raumes $\mathfrak{R}$ gebildet werden soll. Anders ausgedrückt besagt unsere Formulierung, es werden die Aufenthaltswahrscheinlichkeiten für ein Elektron bezüglich aller Volumina summiert, die zusammen den ganzen Raum $\mathfrak{R}$ ergeben.

Wenn $\Delta W = 0$ ist, so bedeutet das, daß sich in dem dazugehörigen Volumenelement $\Delta\tau$ kein Elektron aufhält („Aufenthaltsverbot").

Die in Gleichung (24) angegebene „*Normierungsbeziehung*" (man sagt, Λ ist auf Eins normiert), ist noch bezüglich des Spins zu vervollständigen, denn in

$$\Lambda \equiv \Lambda(x,y,z,\sigma,t) \qquad (25)$$

kann σ^+ oder σ^- auftreten. Summieren wir nun über die beiden Λ-Werte für σ^+ und σ^-, dann können wir vollständig schreiben

$$\sum_{\mathfrak{R}}\sum_{\sigma^+\sigma^-}\Delta W = \sum_{\mathfrak{R}}\sum_{\sigma^+\sigma^-}\Lambda\Delta\tau = 1. \qquad (26)$$

---

[1] Der mathematisch weniger geübte Leser lege hier eine kleine Pause ein. Was hier steht, ist keineswegs hohe Mathematik. Das Zeichen $\sum$ heißt: Laßt uns die Summe bilden! Zuerst die Summe über ΔW, also die Summe aller Aufenthaltswahrscheinlichkeiten für ein Elektron. Jenseits des Gleichheitszeichens steht wieder der Rechenbefehl $\sum$, Summe bilden! Nun aber die Summe der Aufenthaltswahrscheinlichkeitsdichten/Volumeneinheit (s. die Gleichung 16 a), und das für alle $\Delta\tau$, also alle Volumenelemente. Was da auch herauskommen mag, es soll für uns den Wert 1 haben. Gerechnet wird hier also gar nicht — es werden nur unsere Überlegungen in mathematische Symbole übersetzt.

Diese in vielen Lehrbüchern zu finden Gleichung ist nach dem Vorangehenden sehr einfach und verständlich. Sie bedeutet, daß das Elektron ja irgend eine Spinrichtung haben muß und somit die Normierung auf Eins berechtigt ist. Damit ist das Wesentliche zur Normierung unserer Λ-Funktionen gesagt. Alles weitere werden jetzt schematische Verallgemeinerungen sein. Wir ergänzen daher zu

$$\sum_{\sigma^+\sigma^-}\sum_{\Re_1}\ldots\sum_{\Re_n}\Delta W = \sum_{\sigma^+\sigma^-}\sum_{\Re_1}\ldots\sum_{\Re_n}\Lambda\Delta\tau_1\ldots\Delta\tau_n = 1, \qquad (27)$$

und wollen darauf hinweisen, daß die Abkürzung $\Re_i$ den *ganzen* Raum bezüglich $\Delta\tau_i$ bedeutet. Für *jedes* Elektron wird dann noch über σ^+ und σ^- summiert.

Volumenelemente addieren

Zum leichteren Verständnis der Gleichungen sei Gleichung (27) für *ein* Elektron näher betrachtet. Für ein Elektron lautet die Gleichung (26)

$$\Lambda(x^{(1)},y^{(1)},z^{(1)},t)\,\Delta\tau^{(1)} + \Lambda(x^{(2)},y^{(2)},z^{(2)},t)\,\Delta\tau_2^+ \ldots = 1 \qquad (28)$$

wobei $\quad \Delta\tau^{(1)} + \Delta\tau^{(2)} + \ldots + \ldots = \Re$ (ganzer Raum) ist.

Gleichung (28) besagt also, daß bei einem vorgegebenen Zeitpunkt t die Aufenthaltswahrscheinlichkeit über alle Volumenelemente summiert wird, bis der ganze Raum $\Re$ ausgefüllt ist. Dabei bedeuten die rechts oben stehenden, in Klammer gesetzten Indizes, wie etwa $x^{(j)}\,y^{(j)}\,z^{(j)}$ $(j=1,2\ldots)$, daß jeweils die entsprechenden Koordinaten im Volumenelement $\Delta\tau^{(j)}$ liegen sollen, wie wir das oben schon einmal feststellten.

Für (28) kann auch ganz einfach formuliert werden

$$\Delta W^{(1)} + \Delta W^{(2)} + \Delta W^{(3)} + \ldots = 1. \qquad (30)$$

Dabei ist

$$\Delta W^{(j)} = \Lambda(x^{(j)},y^{(j)},z^{(j)},t)\,\Delta\tau^{(j)}, \qquad (30\text{a})$$

was mit (15) identisch ist, wenn wir dort die kartesischen Koordinaten und das Volumenelement mit dem Index j versehen, der ja hier die einzelnen Volumenelemente durchzählt ($j=1,2,3,\ldots$).

Um im folgenden die Überlegungen und die dazugehörenden Formeln zu vereinfachen, ohne daß damit die wesentlichen Erkenntnismöglichkeiten verlorengehen, wollen wir stets annehmen, daß über die Spinkoordinaten schon summiert sei.

Die γ-Funktion

Nun summieren wir in (27) über alle Räume (15) bis auf einen, es sei der Raum $\Re_1$. Wir fangen also mit dem Raum $\Re_2$ an und erhalten das folgende Ergebnis, das wir zunächst γ_1 nennen wollen und mit Koordinaten und Zeitvermerk t versehen.

$$\sum_{\Re_2} \ldots \sum_{\Re_n} \Delta W = \gamma_1(x_1, y_1, z_1, t). \tag{31}$$

Eines ist sicher: Da jetzt ein Raum in der Summierung nicht berücksichtigt wird, können wir nicht erwarten, daß sich der Wert Eins ergibt. Aber was besagt unsere neue Funktion $\gamma_1(x_1, y_1, z_1, t)$?

Wir werden das gleich sehen, aber machen wir zuerst ein zweites Experiment, lassen wir einmal den $\Re_2$-Raum weg. Das können wir ganz entsprechend wie folgt ausdrücken:

$$\sum_{\Re_1} \sum_{\Re_3} \ldots \sum_{\Re_n} \Delta W = \gamma_2(x_2, y_2, z_2, t) \tag{32}$$

Insgesamt können wir entsprechend n derartige γ-Funktionen bilden, denn der jeweils weggelassene Raum bedeutet ja, daß nach der $n-1$-fachen Summierung noch eine Funktion übrig bleibt, die allein gerade von den Koordinaten des weggelassenen Raums abhängen muß.

Da alle Elektronen gleiche Masse, gleiche Ladung und auch gleichen Spin haben, können wir sie nicht unterscheiden! Aus diesen Gründen müssen alle γ_k ($k=1\ldots n$) die gleiche Funktion darstellen, also das gleiche mathematische Aussehen haben. Generell können wir schreiben

$$\gamma_1 \equiv \gamma_2 \equiv \ldots \gamma_n \equiv \gamma. \tag{33}$$

Was bedeutet nun diese γ-Funktion, die von den Koordinaten eines Elektrons abhängt? Aus (27) ersehen wir, daß γ wie Λ in (24) auf Eins normiert ist, denn es muß wegen (27) gelten

$$\sum_{\Re} \gamma(x, y, z, t) \Delta \tau = 1. \tag{34}$$

Wir können die Gleichung (34) auch so verstehen, daß wir dort noch die Summierung über den bisher fehlenden Raum nachholen und somit wieder die volle Normierung auf Eins erhalten. Die Gleichung (34) kann dann so interpretiert werden, daß

$$\Delta W = \gamma(x,y,z,\,t)\,\Delta\tau \tag{35}$$

die Wahrscheinlichkeit darstellt, eines der n Elektronen im Volumenelement $\Delta\tau$ zu finden, und wir können setzen

$$\gamma(x,y,z,\,t) = \varrho(x,y,z,\,t), \tag{36}$$

wobei ϱ wieder (nach (23)) die *Elektronendichte eines herausgegriffenen Elektrons* bedeutet. Alle diese Überlegungen sind konsequent, denn für $n=1$ gehen die Gleichungen (36), (35) und (34) in die Relationen eines Einelektronensystems (23), (15) und (24) über.

Die Funktion ϱ in (36) und (23) unterscheidet sich ausschließlich durch ihre Herleitung. Während (23) die Elektronendichte des einzelnen Elektrons bedeutet, wobei keine weiteren Elektronen berücksichtigt zu werden brauchen, ist ϱ in (36) zwar auch eine Einelektronendichte, aber hier entsteht sie in Wechselwirkung mit den übrigen $n-1$-Elektronen des Systems. Sehr wichtig ist dabei (was überraschend wirkt), daß jedes herausgegriffene Elektron die gleiche Elektronendichte ϱ aufweist, wie (33) zeigt. Nur deshalb kann die Gleichung (35) auf beiden Seiten mit der Elektronenanzahl n multipliziert werden, wie folgt

$$n\Delta W = n\gamma\Delta\tau = n\varrho\Delta\tau. \tag{37}$$

Damit erhalten wir eine weitere Möglichkeit, die Formel (35) zu interpretieren.

Der Ausdruck $n\Delta W$ stellt offenbar die Zahl der Teilchen Δn dar, die sich im Mittel in $\Delta\tau$ aufhalten,

$$n\Delta W = \Delta n \tag{38}$$

so daß (37) auch in der Form

$$\frac{\Delta n}{n} = \varrho\Delta\tau \tag{39}$$

geschrieben werden kann. Das heißt:

$\varrho\Delta\tau$ bedeutet auch den *Prozentsatz der n Elektronen, die sich im Mittel im Volumenelement $\Delta\tau$ aufhalten.*

Elektronendichte im n-Elektronensystem

Um die Elektronendichte ϱ des n-Elektronensystems zu erhalten führen wir die folgende Abkürzung ein, die durch die Gleichung (39) nahegelegt wird

$$n\varrho(x,y,z,t) = \hat{\varrho} \qquad (40)$$

Damit läßt sich Gleichung (39) umschreiben und wir erhalten die Beziehung

$$\Delta n = \hat{\varrho}\Delta\tau \qquad (41)$$

oder

$$\frac{\Delta n}{\Delta \tau} = \hat{\varrho}. \qquad (41\,\text{a})$$

Wir sehen: Die Funktion $\hat{\varrho}$ stellt wie behauptet die Elektronendichte des n-Elektronensystems dar, die man auch durch Streuexperimente messen kann.

Sie ist auf n normiert, denn aus (41) ergibt sich unter Berücksichtigung von (34)

$$\sum_{\Re} \hat{\varrho}\Delta\tau = \sum_{\Re} \Delta n = n. \qquad (42)$$

Die Abbildung 3 gibt einige Beispiele für Elektronendichten $\hat{\varrho}$ an, wie sie sich aus wellenmechanischen Rechnungen ergeben.

3. Stationäre und nichtstationäre Zustände

Bei unseren Überlegungen sind wir bisher nicht näher auf die Rolle der *Zeit t* eingegangen. Verständlich ist, daß die Normierungsbedingungen für ϱ und $\hat{\varrho}$ (Gleichungen (34) und (42)) für jeden Zeitpunkt gelten müssen, da ja die Elektronenzahl zeitunabhängig ist. Wie steht es aber mit ϱ oder $\hat{\varrho}$ selbst?

Sicher ist, daß sich die Wahrscheinlichkeitsdichte n der Elektronen mit der Zeit ändert, wenn z. B. Reaktionen ablaufen, bei denen bewegte Atome oder Moleküle miteinander in Wechselwirkung treten und neue Systeme bilden. Wir verstehen auch, daß die *Energie* ε eines Systems in diesem Falle zeitlich nicht konstant sein kann, sondern sich ebenfalls ändert, entsprechend den „Störungen", die die einzelnen Reaktionspartner aufeinander ausüben. Wir nennen solche Vorgänge *nichtsta-*

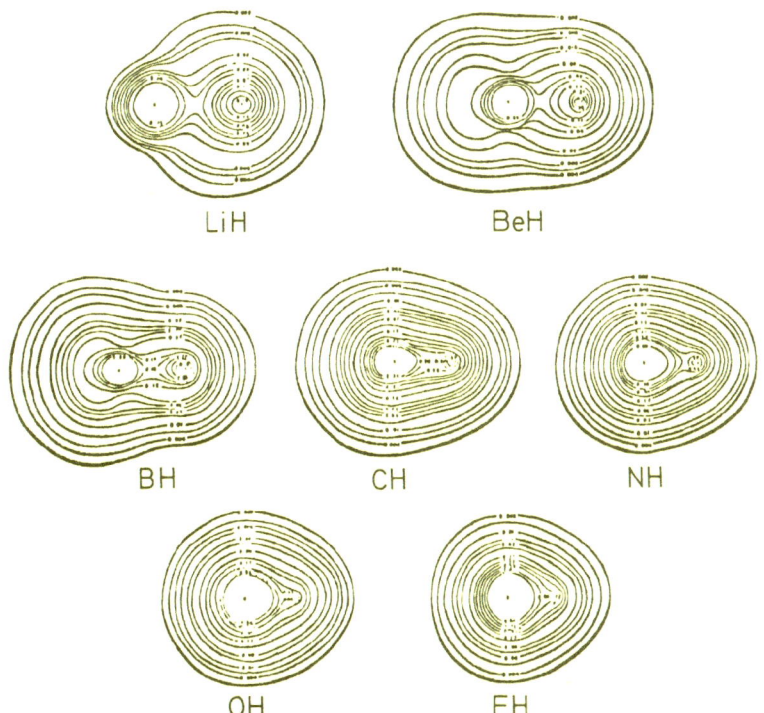

Abb. 3. Die Elektronendichten ϱ_0 von n-Elektronensystemen für einige Hydrid-Verbindungen. Diese berechneten Elektronenverteilungen stimmen praktisch mit den gemessenen überein.

tionär, und schließen dabei auch jene ein, die sich dadurch ergeben, daß ein System (aus Elektronen und Atomkernen) mit einem zeitlich abhängigen elektrischen oder magnetischen *Feld* in Wechselwirkung tritt (z. B. Strahlung).

Ist dagegen ein System in Ruhe, also ungestört, so ist nicht einzusehen, warum ϱ bzw. $\hat{\varrho}$ von der Zeit abhängen sollen. Wir sprechen dann von *stationären* Zuständen und können nun jeder Elektronenverteilung eindeutig eine bestimmte, zeitlich unabhängige Energie, $\varepsilon = $ const., des Gesamtsystems zuordnen.

Die Erfahrung zeigt, daß stationäre Zustände nur in Form von sogenannten „*diskreten Energiewerten*" existieren, die wir mit Hilfe eines Index k durchzählen können,

$$\varepsilon_0 \leqslant \varepsilon_1 \leqslant \varepsilon_2 \leqslant \varepsilon_3 \leqslant \ldots \varepsilon_k \leqslant \ldots, \tag{43}$$

wobei wir gleichzeitig eine Ordnung der Größe nach vorgenommen haben. Zu jedem ε_k gehört eine ganz bestimmte Elektronendichteverteilung $\hat{\varrho}_k$. In Abbildung 4 ist der Sachverhalt schematisch dargestellt. (Wir brauchen nur $\hat{\varrho}_k$ zu betrachten, denn beim Vorliegen eines Elektrons geht $\hat{\varrho}_k$ in ϱ über, wie wir oben dargelegt haben.)

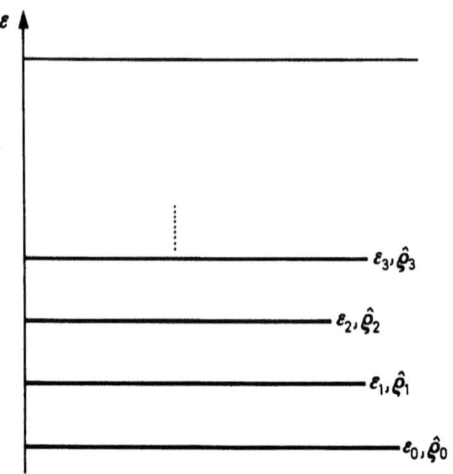

Abb. 4. Schematisches Beispiel für die einzelnen Energiezustände ε_k eines Elektronensystems, zu denen jeweils eine ganz bestimmte Elektronendichte(verteilung) $\hat{\varrho}$ gehört ($k=0,1,2,\ldots$)

Es kann aber auch vorkommen, daß zu einer Gesamtenergie ε_k mehrere ϱ_k gehören; dann sprechen wir von einer *Entartung des ε_k-Zustands* und haben anstelle von Abb. 4 die Abb. 5 zu zeichnen.

Wir haben hier insgesamt von $\hat{\varrho}_{k1}$ bis $\hat{\varrho}_{kM}$ M verschiedene Elektronendichten (j=1.....M) angegeben und sagen, daß ε_k M-fach *entartet* ist.

Wir nennen den tiefsten Energiewert (auf unserem Bilde ε_0) den *Grundzustand* des Systems; alle anderen sind sogenannte *„angeregte Zustände"*.

Wenn das System alle abzugebende Energie verloren hat, befindet es sich im Grundzustand. Energieaufnahme läßt es in einen angeregten Zustand übergehen, wobei nur die Differenzen $\varepsilon_k - \varepsilon_{k'}$ aufgenommen (oder abgegeben) werden können. Die Energie stationärer Zustände ist quantisiert; wir sprechen dabei von „gebundenen Zuständen", da sich

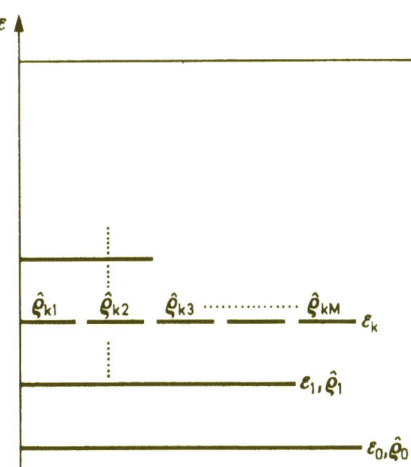

Abb. 5. Schematisches Beispiel für eine Entartung. In diesem Falle ist der Zustand mit der Energie ε_k M-fach entartet, d.h., es existieren M verschiedene Elektronendichten $\hat{\varrho}_{kj}(j=1,2,3..M)$ zum gleichen Energiewert ε_k.

die beteiligten Teilchen (Elektronen und Kerne) am häufigsten in bestimmten endlichen Abständen voneinander aufhalten, aneinander gebunden sind.

Wir können diesen Tatbestand noch anders betrachten. Am „Spaltexperiment" auf Seite 3 hatten wir die de-Broglie-Materiewellen eingeführt. Mit ihrer Hilfe können die Bewegungen der Elektronen richtig beschrieben werden. Die Beziehung (1) für die Wellenlänge der Materiewelle gilt indessen nur, wenn sich das Elektron in einem konstanten Potentialfeld befindet. Ist das Potential aber eine Funktion des Ortes, an welchem sich das Elektron aufhält (wie das bei Atomen und Molekülen der Fall ist), so ändert sich auch die „Materiewellenlänge" von Ort zu Ort und wir müssen die „Materiewelle" als eine *Funktion des Ortes und der Zeit* darstellen.

Die Wellenfunktion ψ

Bezeichnen wir diese Funktion (für ein Elektron) mit

$$\psi = \psi(x,y,z,\sigma,t), \tag{44}$$

wobei wir natürlich auch die Spinkoordinaten σ einschließen, so lassen sich daraus die veränderliche Wellenlänge und die jeweilige Amplitude berechnen. Wir nennen daher ψ folgerichtig eine *Wellenfunktion*. Die Bewegungen eines Elektrons laufen im Rahmen der Wellenfunktion ab. Die Wellenfunktion muß wieder statistisch interpretiert werden, weil die Elektronen bei allen Bewegungen als unteilbare Korpuskeln angesehen werden müssen.

> Es ist daher nicht ganz zutreffend, wenn gelegentlich von einer „Elektronenwolke" gesprochen wird. Eine Beschreibung des Elektronenverhaltens, welches der Unschärferelation genügt, kann nicht nur, sondern *muß* mit Hilfe von ψ vorgenommen werden, damit die verlangte Unschärfe gewährleistet ist, die sich in der „Materiewelle" zeigt.

Der Leser wird nun fragen, wie sich die Wellenfunktion ψ zu der auf Seite 9, Formel (15) und (16) angegebenen Aufenthaltswahrscheinlichkeitsdichte verhält. Die Antwort liegt wieder im früher besprochenen „Spaltversuch". Dort mußten wir das Beugungsbild auf dem Schirm mit der Wahrscheinlichkeitsdichte ϱ (bzw. $\tilde{\varrho}$) identifizieren, wenn wir einen Einklang mit der Erfahrung erreichen wollten. Die hellen Stellen des Beugungsbildes, welche im Falle eines Elektrons hohe Auftreffwahrscheinlichkeiten sind, entsprechen den verschiedenen Intensitäten der Materiewelle bzw. der Wellenfunktion ψ. Intensitäten von Wellen sind aber immer als das *Quadrat der Amplituden* (Schwingungsweiten) dieser Wellen zu verstehen, und so kommen wir zu dem Schluß, daß hier im Falle eines Elektrons

$$|\psi|^2 \equiv \varrho \qquad (45)$$

gesetzt werden muß. Die Schreibweise $|\psi|$ besagt, daß es sich um den *absoluten Betrag* von ψ handelt.

Dann kann wegen (23) nun auch geschrieben werden

$$|\psi|^2 \equiv \Lambda(x,y,z,\sigma,t) \qquad (46)$$

und damit wird

$$\Delta W = |\psi|^2 \Delta\tau. \qquad (47)$$

Mit diesen Ausführungen haben wir den Ring unserer Überlegungen weitgehend geschlossen.

Erweiterung auf mehrere Elektronen

Die Erweiterung auf mehrere Elektronen ist jetzt leicht und konsequent durchzuführen. Entsprechend (46) schreiben wir

$$|\psi(x_1, y_1, z_1, \ldots \sigma_1 \ldots t)|^2 \equiv \Lambda(x_1, y_1, z_1, \ldots \sigma_1 \ldots t) \tag{48}$$

und haben damit alle bisherigen Überlegungen auf die Wellenfunktion ψ zurückgeführt, eine entscheidend wichtige Größe.

Im Sinne der „Materiewelle" können wir von stehenden und fortschreitenden Wellenvorgängen sprechen. Im Falle stationärer Zustände (bei Atomen und Molekülen) ist die Aufenthaltswahrscheinlichkeit um den Atomkern herum wesentlich. Diese gebundenen Zustände werden daher „stehende Materiewellen" sein, so daß daraus weiter folgt, daß nur in diesem Falle die entsprechende Λ-Funktion nicht von der Zeit abhängt. Bei nicht-stationären Zuständen dagegen handelt es sich um eine „fortschreitende Materiewelle"; hier ist auch Λ noch eine Funktion der Zeit. Es ist wichtig, darauf hinzuweisen, daß ψ seiner Bedeutung nach immer von der Zeit abhängt!

III. Das Periodensystem als Ausdruck des Elektronenverhaltens

1. Die Quantenzahlen

Wir betrachten zuerst die Verteilung eines Elektrons um ein positiv geladenes Zentrum herum, dessen Ladung $+Ze$ sei. Für $Z=1,2,3\ldots$ würden wir somit nach der Aufenthaltswahrscheinlichkeitsdichte des Elektrons im H-, He$^+$-, Li^{2+}-Atom (Ion) fragen (wobei es sich um stationäre Zustände des Systems handelt). Die Verhältnisse liegen daher so, wie in (43) und in den Abbildungen 4 und 5 angegeben, wobei hier wegen $n=1$ $\hat{\varrho}\equiv\varrho$ ist.

Die Elektronendichten ϱ können in Form einer dreifachen Indizierung durchnumeriert werden. Diese drei Indizen bezeichnet man international mit n, l und m und nennt sie auch die drei *Quantenzahlen*, da zu jedem Tripel von n, l und m ein bestimmter quantisierter (diskreter) Energiewert ε gehört, sowie eine bestimmte Einelektronendichte

$$\varrho \equiv \varrho_{n,l,m}(x,y,z,\sigma). \tag{49}$$

Für die Durchzählung hat sich folgendes Vorgehen ergeben, auf dessen tiefere Begründung wir in diesem Rahmen nicht eingehen können:

$$n = 1,2,3\ldots$$

$$l = 0,1,2\ldots,n-1. \tag{50}$$

$$m = -l, -l+1 \ldots, l+1, l.$$

Es erhebt sich die Frage, in welcher Reihenfolge — wie in (43) — hier entsprechend n, l und m die Energien anzuordnen sind. Es zeigt sich jedoch, daß bis auf den Grundzustand alle angeregten Zustände „entartet" sind (vgl. Abb. 5), da ε nur von der sogenannten *Hauptquantenzahl* n abhängt.

$$\varepsilon_{n,l,m} \equiv \varepsilon_n. \tag{51}$$

Zu jedem ε_n gehören entsprechend (50) n^2 verschiedene ϱ-Funktionen. Das sieht man auf folgende Weise ein: Nach (50) existieren $2l+1$ m-Werte bei einem vorgegebenen l. Summiert man noch $2l+1$ über alle l von 0 bis $n-1$ auf, so erhält man

$$\sum_{l=0}^{n-1}(2l+1) = n^2. \tag{52}$$

Genau genommen ist der Entartungsgrad $2n^2$, denn jeder Zustand kann ja noch bezüglich der Spinkoordinate σ in $\sigma^+(\uparrow)$ und $\sigma^-(\downarrow)$ unterschieden werden.

Ausführlich sieht das so aus, wie in Abb. 6 angegeben.

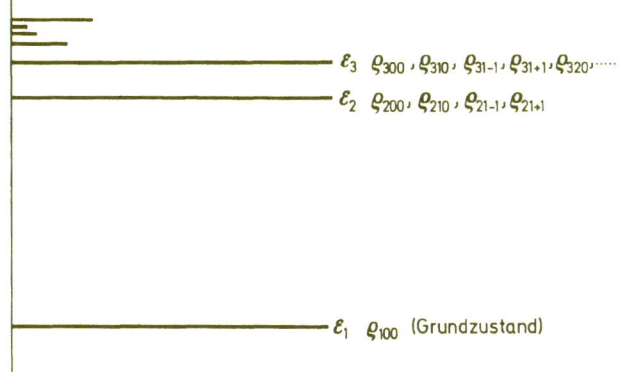

Abb. 6. Schematische Darstellung der diskreten Energien ε_n eines Einelektronenatoms und der dazugehörigen Einelektronendichten $\varrho_{n,l,m}$, wobei zu jedem ε_n n^2 Dichten gehören (Entartung).

Es ist üblich, die verschiedenen Einteilchendichten $\varrho_{n,l,m}$ mit besonderen Symbolen zu benennen:

So werden aus historischen Gründen die Zustände für $l=0,1,2,3\dots$ mit den Buchstaben $s,p,d,f\dots$ bezeichnet.

Für $|m|=0,1,2$ verwendet man die Symbole $\sigma,\pi,\delta\dots$, wenn eine Vorzugsrichtung angegeben wird, auf die sich die Bezeichnung bezieht. Damit ergeben sich die beiden untersten Zustände in Abb. 6 zu

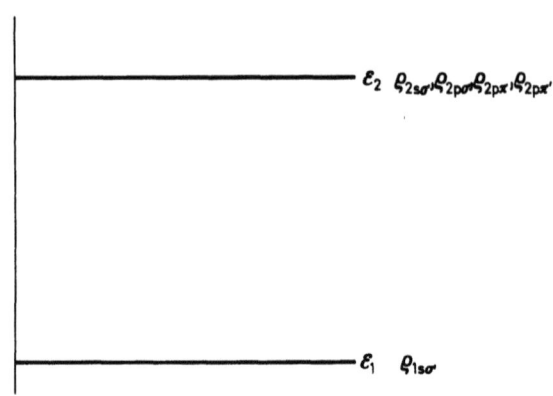

Abb. 7. Die beiden untersten Energiewerte von Abb. 8 mit ihren Elektronendichten in der Bezeichnungsweise nach den Symbolen $s,p,d,..$ und $\sigma,\pi,\delta,...$

Knotenflächen und Knotenkugeln

Wie sehen nun die Aufenthaltswahrscheinlichkeitsdichten aus? Wir wollen hier nur das Allgemeinste diskutieren. Es zeigt sich nämlich, daß jede ϱ-Funktion durch die *Anzahl und Lage von (Schwingungs-)Knotenflächen* charakterisiert ist, also durch *Flächen, auf denen* $\varrho = 0$ ist. Gleichzeitig verschwindet jedes ϱ rasch genug für große Abstände von Atomkern, damit die Normierung auf Eins garantiert ist.

Was nun die Knotenfläche der stehenden Wellen betrifft, so ist ϱ_{1s} knotenfrei und kugelsymmetrisch um den Atomkern herum. ϱ_{2s} besitzt dagegen eine *„Knotenkugel"* um den Kern.

Die drei p-Dichten unterscheiden sich dadurch, daß sie jeweils eine Knotenebene in der xy-, xz- oder yz-Ebene besitzen, wenn wir der Beschreibung ein kartesisches Koordinatensystem zugrunde legen. Allgemein kann man sagen, daß die Knotenebenen der drei p-Dichten senkrecht aufeinander stehen. Handelt es sich dabei um eine $2p$-Dichte, so sind dies die einzigen Knotenflächen.

Im Falle ϱ_{3p} tritt noch eine Knotenkugel um den Kern hinzu.

Bei einigen d-Dichten treten zwei Knotenflächen auf, die senkrecht aufeinander stehen. Andere d-Dichten sind komplizierter gebaut.

Wir wollen es bei diesen Beispielen belassen. Die Abbildung 8 gibt die Verhältnisse graphisch wieder, wobei die Knotenebenen ins Unendliche ausgedehnt zu denken sind.

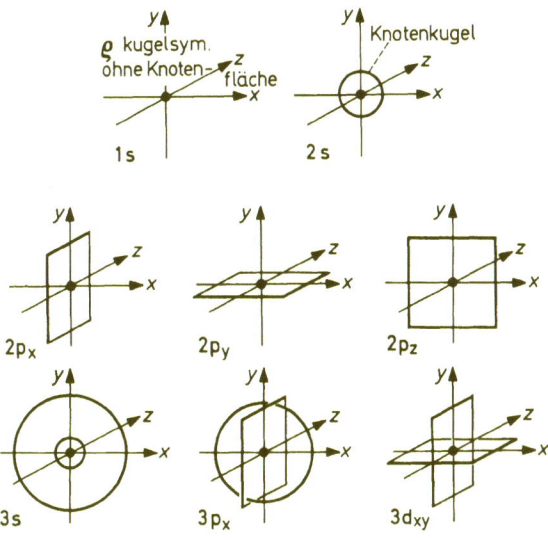

Abb. 8. Erläuterungen siehe im Text.

Diese Eigenschaften sind von der Kernladungszahl unabhängig und allein durch das kugelsymmetrische Potentialfeld bedingt, in welchem sich das Elektron befindet.

Orbitale

Solche Einelektronendichten (Aufenthaltswahrscheinlichkeitsdichten), die sich, wie hier, auf ein Atom beziehen, nennen wir die *Dichten* $\varrho_{n,l,m}$ *von Atomorbitalen (AO)*, wobei sich der Begriff des Orbitals auf die jeweilige Wellenfunktion des Einelektronensystems bezieht.

Wir erinnern uns dabei an die Überlegungen zum Zusammenhang von Dichte und Wellenfunktion (Materiewelle). Die Atomorbitale stellen die stehenden Wellen der de-Broglie'schen Materiewellen um den Atomkern herum dar. *Die Intensität* dieses Wellenvorgangs (das dazugehörende Amplitudenquadrat) ist dann $\varrho_{nlm}(x,y,z,\sigma)$. Deshalb ist es auch möglich, die stehenden Wellen nach der Zahl ihrer Knotenflächen und nach deren Lage zu diskutieren und zu ordnen, so wie das hier geschehen ist. Von der Wellenfunktion hängt auch die Größe der dazugehörigen Energie des einen Elektrons ab, da die Lage und Anzahl der Knotenflächen die Raumbereiche wesentlicher Aufenthaltswahrscheinlichkeit mit bestimmen und damit auch die mittlere Energie des Elektrons, die sich aus kinetischer und potentieller Energie zusammensetzt.

Aus allem wird klar, daß es unkorrekt ist, von einem „1s"- oder „2p"-Elektron zu sprechen. Nur die jeweiligen Aufenthaltswahrscheinlichkeiten des Elektrons haben den Charakter von 1s- oder 2p-Funktionen. Die Elektronen selbst sind und bleiben nach wie vor nicht unterscheidbar!

Wir wollen noch nachtragen, daß die drei p-Funktionen oft als p_x-, p_y- und p_z-Funktion bezeichnet werden (Abb. 8), wenn sich die Knotenebene senkrecht zu diesen Richtungen befindet. Betrachten wir bei der p_x-Funktion die xy- oder yz-Ebene und führen Kurven gleicher ϱ-Werte ein („Höhenschichtlinien"), so erhalten wir qualitativ folgendes Bild:

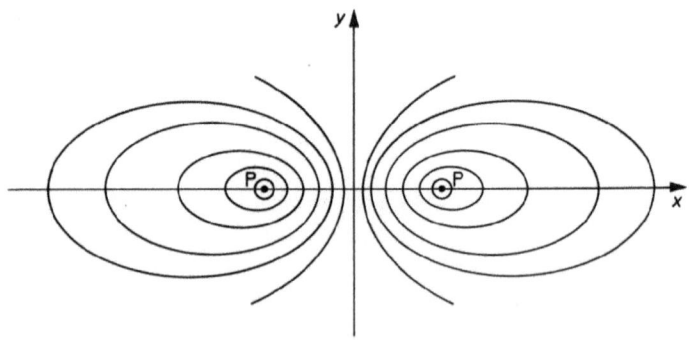

Abb. 9. „Höhenschichtlinien" der Dichte ϱ einer $2p_x$-Funktion in der xy-Ebene. Die Darstellung ist qualitativ, wobei in den beiden Punkten P ein Maximum von ϱ vorliegt und in der y-Achse die Dichte Null ist (yz-Knotenebene).

Entsprechendes gilt für p_y und p_z. Es ist üblich, die z-Achse als mögliche Vorzugsrichtung anzusehen. In diesem Falle ist die $2p_z$-Funktion genauer als $2p\sigma$-Funktion zu bezeichnen. Die anderen beiden 2p-Funktionen erhalten dann die Bezeichnungen $2p\pi$ und $2p\pi'$ (vgl. Abb. 7).

Die Quantenzahl m erfaßt also das Symmetrieverhalten der Dichten um die z-Achse.

Zur Entartung im Falle des Coulomb-Potentials zwischen Elektron und Kern, wie wir es hier besprochen haben, sei noch gesagt, daß die Entartung teilweise aufgehoben sein kann,

a) wenn entweder kein Coulomb-Potential, aber noch ein kugelsymmetrisches Potential vorliegt, oder
b) wenn etwa durch ein elektrisches Feld eine Vorzugsrichtung im System vorgegeben wird.

Wenn wir also von Atomorbitalen (oder deren Dichten ϱ) sprechen, so sehen wir in der Regel vom jeweiligen Entartungsfall ab und betrachten nur die einzelnen $\psi_{n,l,m}$-Funktionen ($\varrho_{n,l,m}$-Dichten), wobei deren genaue analytische Form, das heißt ihr mathematisches Aussehen, nur für die quantitativen Eigenschaften des Systems interessant ist und vom jeweiligen System (Atom, Kernladungszahl) abhängt.

2. Mehrelektronensysteme

Von der Schule her wird der Leser sich sicher der „Potenzreihenentwicklungen" erinnern. Es handelt sich dabei um die Darstellung einer Funktion $F(x)$ als eine unendliche Summe von x-Potenzen

$$F(x) = a_0 + a_1 x + a_2 x^2 + a_3 x^3 + \ldots,$$
$$= \sum_{k=0}^{a} a_k x^k \tag{53}$$

Von Fall zu Fall ist vorher zu klären, für welche x-Werte eine solche Reihenentwicklung erlaubt ist, wann also diese Reihe $F(x)$ darstellt. Gegebenenfalls gilt (53) nur für bestimmte x-Bereiche (Konvergenzbereiche) und auch an $F(x)$ werden gewisse Forderungen gestellt. Die Koeffizienten a_k der Reihe hängen allein von der Form von $F(x)$ ab. Ein spezieller Fall ist z. B. $F(x) = 1/_{1-x}$, wo nur für $0 \leq x < 1$ die Reihe konvergiert, und alle Koeffizienten $a_n = 1$ sind.

$$\frac{1}{1-x} = 1 + x + x^2 + x^3 + \ldots = \sum_{k=0}^{\infty} x^k. \tag{54}$$

Nur für diesen x-Bereich darf das Gleichheitszeichen gesetzt werden. Daß unter gewissen Umständen noch für $x < 0$ die Darstellung verwendet werden kann, sei nur am Rande erwähnt. Die Gleichung (54) ist als *Potenzreihe* bekannt.

Diese Vorstellungen kann man erweitern. Einmal auf mehrere Dimensionen, so daß man auf die Form

$$F(x,y,z) = \sum_{k=0}^{\infty} \sum_{j=0}^{\infty} \sum_{l=0}^{\infty} a_{kjl} x^k y^j z^l \qquad (55)$$

geführt wird, zum anderen dadurch, daß man anstelle der einzelnen $x^k y^j z^l$-Aggregate Funktionen von x, y und z einführt. Gleichung (56) gilt, wenn die „Funktionsbasis" der f_{kjl} bestimmten Bedingungen genügt.

$$F(x,y,z) = \sum_{k=0}^{\infty} \sum_{j=0}^{\infty} \sum_{l=0}^{\infty} a_{kjl} f_{kjl}(x,y,z). \qquad (56)$$

Diese Gleichung (56) besagt, daß irgendeine Funktion $F(x,y,z)$ als Linearkombination von Funktionen f_{kjl} dargestellt wird, die sich wiederum als Summe von x-, y- und z-Potenzen ergeben.

Nun setzen wir $F \equiv (x,y,z)$ und, indem wir die drei Indizes k, j und l mit den Quantenzahlen n, l und m identifizieren, $f_{n,l,m} \equiv \varrho_{n,l,m}(x,y,z)$, so erhalten wir die wichtige Beziehung

$$\hat{\varrho}(x,y,z) = \sum_{n=1}^{\infty} \sum_{l=0}^{n-1} \sum_{m=-l}^{+l} a_{nlm} \varrho_{nlm}(x,y,z). \qquad (57)$$

Diese neue Gleichung (57) besagt, daß wir nun die Elektronendichte ϱ des n Elektronenzustands (nach (41)) durch die unendliche Summe aller Dichten der Atomorbitale (49) darstellen, wobei wir wegen (50) die entsprechende Summierung über die Quantenzahlen vornehmen mußten.

Dabei müssen wir wieder von der Mathematik übernehmen, daß dies nur unter gewissen Voraussetzungen möglich ist, die wir allerdings in unserem Falle als erfüllt ansehen. Wir gehen dabei davon aus, daß $\hat{\varrho}$ die Dichte eines n Elektronenatoms (Ions) ist und daß über die Spinkoordinaten schon aufsummiert wurde. Da $\hat{\varrho}$ auf n normiert ist und die ϱ_{nlm} ebenfalls auf Eins, so sehen wir, daß für die Koeffizienten die Beziehung gilt

$$\sum_{n=1}^{\infty} \sum_{l=0}^{n-1} \sum_{m=-l}^{+l} a_{n,l,m} = n. \qquad (58)$$

Damit können wir (57) auch so interpretieren, daß die Gesamtdichte des Atoms mit n Elektronen nach den Dichten von Atomorbitalen entwickelt wird, die sich im Prinzip aus Einelektronenatomen ergeben, wie wir das früher gezeigt haben (Abb. 8). Dabei sehen wir wieder von den Details der $\varrho_{n,l,m}$ ab. Die $a_{n,l,m}$ sind dann ein Maß für die Beteiligung von $\varrho_{n,l,m}$ am Zustandekommen der Gesamtdichte $\hat{\varrho}$.

> Formulieren wir diese wichtige Aussage noch einmal anders: Alle möglichen Dichten (Intensitäten) der atomaren de Broglie'schen Materiewellen (stehende Wellen) bauen die Gesamtdichte $\hat{\varrho}$ auf. Die Dichten der *Ein*elektronenzustände $1s, 2s, 2p, 3s, \ldots$ setzen sich zur Gesamtdichte des vorliegenden Mehrelektronensystems zusammen!

Bezeichnen wir $a_{n,l,m}$ als die „Besetzungszahl" von $\varrho_{n,l,m}$, so gibt a_{nlm} an, wie viele der n Elektronen im Mittel eine Aufenthaltswahrscheinlichkeitsdichte ϱ_{nlm} aufweisen. Im Einklang damit steht dann die Gleichung (58).

Das ganze erinnert an eine Klanganalyse in der Akustik, wo z. B. ein „Geräusch" nach der Beteiligung der einzelnen „reinen Töne" mit bestimmten Wellenlängen (oder Frequenzen) analysiert wird. Hier sind es die Dichten der einzelnen energetisch quantisierten (diskreten) stehenden Materiewellen (Wellenfunktionen stationärer Zustände), nach denen analysiert wird.

Aufbauprinzip und Elektronenkonfiguration

Die Beziehung (57) müssen wir nun in einer anderen Richtung erweitern. Es gilt nämlich noch, die einzelnen Energiezustände $\varepsilon_k (k=0,1,2\ldots)$ des Mehrelektronensystems zu unterscheiden, zu denen dann die entsprechenden $\hat{\varrho}_k$ gehören. Somit schreiben wir anstelle von (57)

$$\hat{\varrho}_k(x,y,z) = \sum_{n=1}^{\infty} \sum_{l=0}^{n-1} \sum_{m=-l}^{+l} a_{nlm}^{(k)} \varrho_{nlm}(x,y,z), \tag{59}$$

wobei es für jeden Gesamtzustand $\hat{\varrho}_k$ jeweils die dazugehörigen $a_{nlm}^{(k)}$ gibt. Wie in Abb. 4, liegt für $k=0$ der Grundzustand vor.

> An sich haben wir in (59) eine rein mathematische Beziehung vor uns, von der wir vorerst nur zeigen können, daß sie gültig ist. Wenden wir sie dann auf die Atome an, so stellt sich erfreulicherweise heraus, daß man schon mit einer bestimmten *minimalen Anzahl* von ϱ_{nlm}-Funktionen eine sehr gute und für viele Zwecke vollständig *ausreichende Näherung* für $\hat{\varrho}_k$ erhält.

Diese Erkenntnis ist von zentraler Bedeutung für die Struktur der Atomhülle und für die chemische Bindung überhaupt!

Im einzelnen ergeben sich folgende Ergebnisse, wenn vorerst der Grundzustand betrachtet wird:

H: $\hat{\varrho}_0 = \varrho_{1s}$

He: $\hat{\varrho}_0 = 2\varrho_{1s}$

Li: $\hat{\varrho} = 2\varrho_{1s} + \varrho_{2s}$

Be: $\hat{\varrho}_0 = 2\varrho_{1s} + 2\varrho_{2s}$

B: $\hat{\varrho}_0 = 2\varrho_{1s} + 2\varrho_{2s} + \tfrac{1}{3}(\varrho_{2p_x} + \varrho_{2p_y} + \varrho_{2p_z})$

C: $\hat{\varrho}_0 = 2\varrho_{1s} + 2\varrho_{2s} + \tfrac{2}{3}(\varrho_{2p_x} + \varrho_{2p_y} + \varrho_{2p_z})$

N: $\hat{\varrho}_0 = 2\varrho_{1s} + 2\varrho_{2s} + \varrho_{2p_x} + \varrho_{2p_y} + \varrho_{2p_z}$

.
.
. (60)

Ne: $\hat{\varrho}_0 = 2\varrho_{1s} + 2\varrho_{2s} + 2\varrho_{2p_x} + 2\varrho_{2p_y} + 2\varrho_{2p_z}$

Na: $\hat{\varrho}_0 = 2\varrho_{1s} + 2\varrho_{2s} + 2\varrho_{2p_x} + 2\varrho_{2p_y} + 2\varrho_{2p_z} + \varrho_{3s}$

.
.
.

Wir sehen deutlich, daß hier ein „Aufbauprinzip" wirksam ist, wobei man nicht vergessen darf, daß z. B. ϱ_{1s} von Helium nicht numerisch identisch ist mit der ϱ_{1s}-Funktion von Lithium oder Natrium, sondern *nur dem Typ nach* eine 1s-Dichte ist (es fehlen Knotenfläche und Kugelsymmetrie; s. Abb. 8.). Dabei zeigt es sich weiter, daß mit steigender Kernladungszahl die wesentlichen Aufenthaltsbereiche aller ϱ-Dichten näher an den Atomkern heranrücken, ein Ausdruck für die stärker werdenden Anziehungskräfte.

Weiter erkennen wird, daß die Besetzungszahlen immer zwei oder eins sind. Im Falle gleichwertiger *p*-Funktionen ist deren Summe ebenfalls wieder zwei oder eins. Diese Tatsache ermöglicht, eine Abkürzung für die Gesamtelektronendichte einzuführen, wie im folgenden im Anschluß an (60) angegeben ist.

H: $(1s)^1$

He: $(1s)^2$

Li: $(1s)^2(2s)^1$

Be: $(1s)^2(2s)^2$

B: $(1s)^2(2s)^2(2p)^1$

C: $(1s)^2(2s)^2(2p)^2$ \hfill (61)

N: $(1s)^2(2s)^2(2p)^3$

.

.

.

Ne: $(1s)^2(2s)^2(2p)^6$

Na: $(1s)^2(2s)^2(2p)^6(3s)^1$

.

.

.

Wir sagen, daß diese Abkürzungen *Elektronenkonfigurationen* der jeweiligen Atome bezeichnen.

Irreführend für den Anfänger sind nun manche Hinweise, die man in diesem Zusammenhang gelegentlich immer noch in der Literatur findet. So wird z. B. von 1s-, 2s- oder 2p-Zuständen gesprochen und das Aufbauprinzip so interpretiert, als würde das jeweils „dazugekommene Elektron" einen weiteren Zustand „besetzen".

Genau genommen können in einem Mehrelektronensystem gar keine Einelektronenzustände ε_{nlm} vorliegen, denn nur das Gesamtsystem (Kollektiv) ist stationär und besitzt echte Zustände ε_k, die etwa durch $\hat{\varrho}_k$ ($k=0,1,\ldots$) gekennzeichnet werden können. Nach allem, was bisher hier ausgeführt wurde, sollte es dem Leser klar sein, daß schon die Nichtunterscheidbarkeit der Elektronen solche Vorstellungen verbietet und daß alle n Elektronen bei dem Aufbau ihrer Gesamtelektronendichte $\hat{\varrho}_k$ von den Dichten ϱ_{nlm} der „stehenden Materiewellen" (Wellenfunktion) Gebrauch machen, und zwar entsprechend der Aufteilung, die durch die $a_{nlm}^{(k)}$ gegeben ist. Es trifft daher auch nicht zu, daß etwa im Bor-Atom zwei Elektronen den 1s-Zustand „besetzen" oder sogar im Bor-Atom zwei „1s-Elektronen" vorliegen. Besser ist es, zu sagen, daß im Bor-Atom (aber nicht nur dort) im Mittel zwei Elektronen vorliegen, die eine Aufenthaltswahrscheinlichkeitsdichte $\varrho_{1s} \equiv \varrho_{100}$ aufweisen. Wir können es auch so formulieren:

> Fragen wir nach der Aufenthaltswahrscheinlichkeitsdichte ϱ_{1s} im Rahmen der Gesamtdichte $\hat{\varrho}$, so erhalten wir als Antwort, daß im Mittel zwei Elektronen näherungsweise eine solche Aufenthaltswahrscheinlichkeitsdichte aufweisen.

Diese Vorstellung kann auf *angeregte Zustände* des Gesamtsystems ausgedehnt werden. Man findet nämlich, daß auch bei angeregten Zuständen in guter Näherung für $\hat{\varrho}_k (k \neq 0)$ Darstellungen entsprechend (61) angenommen werden können. Die entsprechenden Konfigurationsschreibweisen gehen aus dem Grundzustand dadurch hervor, daß neue ϱ_{nlm} auftreten und damit andere verschwinden. So bleibt die Gleichung (58) erhalten *(Erhaltungssatz der Teilchenzahl)*.

Ein angeregter Zustand des Lithium-Atoms wäre etwa durch $(1s)^2(2p)$ oder auch durch $(1s)(2s)^2$ gegeben. Im letzten Falle freilich tritt kein neues ϱ_{nlm} auf, aber unter Erhaltung der Teilchenzahl ist eine „Umverteilung" vorgenommen worden, die ebenfalls einem angeregten Zustand entsprechen kann. Dem B^+-Ion entspräche dann die Konfiguration $(1s)^2(2s)^2$, aber auch $(1s)(2s)^2(2p)$ könnte kurzzeitig auftreten, bevor eine „Reorganisation" zu der ersten Konfiguration stattfindet, die stabiler ist.

Wir sehen wieder, daß nicht jeder stationäre Zustand über längere Zeit stabil sein muß.

Ionisierungsenergien

Die Darstellungen der Gesamtdichten für die einzelnen Atome im Grundzustand nach Gleichung (60) führen auf eine weitere Überlegung, die sich auf die zu jedem $\hat{\varrho}_k$ gehörende Gesamtenergie bezieht.

Wie wir gesehen haben, können auch die Dichten angeregter Zustände in entsprechender Form nach den Gleichungen (60) geschrieben werden, und das gilt auch dann, wenn aus der Anregung eine Ionisation des Atoms (Bildung eines Ions) geworden ist, wobei dann in den $\hat{\varrho}$ ein $\varrho_{n,l,m}$ fehlt.

Diese Tatsache, auf die wir noch näher eingehen werden, legt vorerst nahe, etwa die *Ionisierungsenergie* eines Atoms mit der im Ion fehlenden ϱ_{nlm} in Verbindung zu bringen; danach wären dann eine Reihe von Energien ε_{nlm} eingeführt, die wir wieder der Größenordnung nach ordnen könnten.

$$\varepsilon_{1s} < \varepsilon_{2s} < \varepsilon_{2p} < \varepsilon_{3s} < \varepsilon_{3p} < \varepsilon_{4s} < \varepsilon_{3d} < \ldots . \tag{62}$$

Konsequenterweise wäre dann etwa die Energiedifferenz im Lithium zwischen den Zuständen $(1s)^2(2s)$ mit ε_0 und $(1s)^2(2p)$ mit ε_1 durch die Beziehung

$$\varepsilon_1 - \varepsilon_0 \approx \varepsilon_{2p} - \varepsilon_{2s} \tag{63}$$

gegeben. Die Erfahrung zeigt, daß dies nur näherungsweise stimmt. Ebenso sind auch schon die Gesamtenergien nur als Näherung nach

$$\varepsilon_0 \approx 2\varepsilon_{1s} + \varepsilon_{2s}$$
$$\varepsilon_1 \approx 2\varepsilon_{1s} + \varepsilon_{2p} \tag{64}$$

gegeben.

Ganz allgemein kann man sagen, daß die Näherung für $\hat{\varrho}_k$ bezüglich der ϱ_{nlm} in der Regel besser erfüllt ist als die Darstellung der Gesamtenergie ε_k nach den sogenannten „Einelektronenenergien" ε_{nlm}.

Hier muß erneut auf die bereits bemängelte saloppe Redeweise hingewiesen werden, die zu grundlegenden Irrtümern führen kann. Zwar handelt es sich bei den ε_{nlm} der Definition nach um Energien, die auf *ein* Elektron bezogen sind, was die Darstellung (65)

$$\varepsilon_k \approx \sum_{n=1}^{\infty} \sum_{l=0}^{n-1} \sum_{m=-l}^{+l} a_{nlm}^{(k)} \varepsilon_{nlm}, \tag{65}$$

als Verallgemeinerung von (64) ausweist, *es sind aber keine Einteilchen-Energien, die jedes einzelne Elektron im Gesamtsystem besitzt!*

Echte Einelektronenzustände gibt es streng nur im Falle des *Einelektronensystems*, wo die ε_{nlm} unmittelbar die ε_k bedeuten, wie dann auch $\hat{\varrho}_k$ mit ϱ_{nlm} identisch wird.

So wie wir keine näheren Informationen über die ϱ_{nlm} zu geben brauchten, da sie sich von Atom zu Atom ändern, so sind auch für unsere Diskussion keine detaillierten Angaben über die ε_{nlm} nötig, da sie ebenfalls von der Elektronenzahl und der Kernladung abhängen; allein die Zuordnung von ε_{nlm} und ϱ_{nlm} ist hier sehr wesentlich für uns.

In diesem Sinne stellt die Reihe der ε_{nlm} in (62) die *energetische Formulierung* des oben schon erwähnten und in (61) im einzelnen angegebenen *Aufbauprinzips* dar, das zeigt, welche ϱ_{nlm} jeweils auftreten, wenn die Elemente in der Reihenfolge ihrer steigenden Atomladungszahlen bezüglich ihrer Elektronendichten betrachtet werden.

Verbindung zum Periodensystem

Trägt man die Reihenfolge (61) *waagerecht* auf und beginnt jeweils eine neue Periode, wenn, durch die Quantenzahl n charakterisiert, eine neue Schale „aufgebaut" wird, so erhält man das *Periodensystem der Elemente*. Jede *Spalte* umfaßt dann automatisch eine Gruppe von Atomen, die eine sehr ähnliche Elektronenstruktur besitzen.

Nach den Ungleichungen (62) tritt im Rahmen des „Aufbauprinzips" beim Kalium das erstemal eine ϱ_{4s}-Dichte im $\hat{\varrho}$ auf. Dies deckt sich mit der chemischen Erfahrung, in der Kalium ein Alkalimetall ist. Auch spektroskopisch zeigt Kalium viele Gemeinsamkeiten mit den Atomen Li, Na und Rb.

Die Fortsetzung von (62) ergibt sich dann weiter zu

$$.. < \varepsilon_{4p} < \varepsilon_{5s} < \varepsilon_{4d} < \varepsilon_{5p} < \varepsilon_{6s} < \varepsilon_{4f} < \varepsilon_{5d} < \varepsilon_{6p} < \qquad (66)$$

$$< \varepsilon_{7s} < \varepsilon_{5f} < \varepsilon_{6d} < ..$$

woraus sich die weitere Struktur des Periodensystems ergibt, da oft Unterschalen noch nicht vollständig besetzt sind, wenn eine neue Schale schon in $\hat{\varrho}$ auftritt.

Die oberen Ungleichungen (62) und (66) für die ε_{nlm} sind allerdings nicht absolut gültig, wie wir oben schon betonten, sondern können schon unter schwachen Einflüssen von außen geändert werden, auch dann, wenn Ionen betrachtet werden.

Wir stellen noch einmal heraus, daß die ε_{nlm}, ebenso wie die ϱ_{nlm} in $\hat{\varrho}$ keine reinen Meßgrößen wie $\hat{\varrho}_k$ oder ε_k sind. Die ε_{nlm} helfen aber, ein Ordnungsprinzip zu erkennen und aufzubauen. Mit anderen Worten: Die Entwicklungen (59) und (65) sind zwar nicht eindeutig, aber bestimmte, gewählte ϱ_{nlm} oder ε_{nlm} können eine weitere Einsicht in die Zusammenhänge ermöglichen.

In diesem Sinne sind auch die graphischen Darstellungen zu verstehen, die von den ε_{nlm} ausgehen und die Elektronen als kurze Striche symbolisieren. Als Beispiel sind in Abb. 10 Lithium und Bor angegeben.

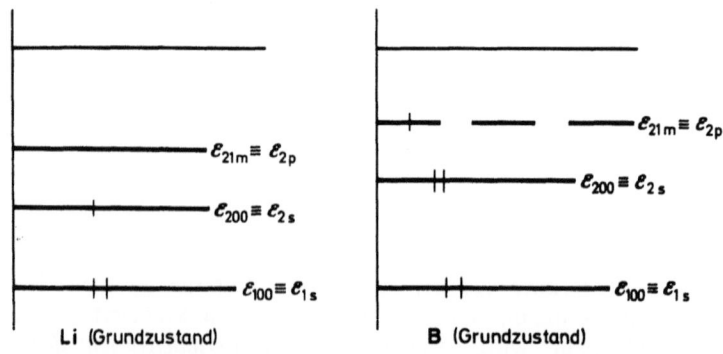

Abb. 10. Die Anwendung des „Aufbauprinzips" bei Li und B im Grundzustand. In der schematischen Darstellung sind die Elektronen als Striche symbolisiert.

Graphische Darstellungen wie Abb. 10 sind Abkürzungen für bestimmte Beschreibungen von $\hat{\varrho}_k$ nach den ϱ_{nlm}, wobei die Anzahl der Striche (Elektronen) die Werte der jeweiligen $a_{nlm}^{(k)}$ bedeuten und das Aufbauprinzip im Rahmen der ε_{nlm} vorgenommen wird, was im Einklang mit den auftretenden ϱ_{nlm} in $\hat{\varrho}$ steht, wenn die Elektronenzahl erhöht wird.

Die bisherigen Überlegungen zeigen, daß die Wiederholung der chemischen Eigenschaften im Rahmen des Periodensystems darauf beruht, daß aus Symmetriegründen immer wieder sehr ähnliche stehende „Materiewellen" in $\hat{\varrho}$ auftreten, wenn die neutralen Atome nach den Kernladungszahlen geordnet werden. Das Periodensystem ist somit auf das Verhalten der Elektronen zurückgeführt. Allerdings möchte man nun noch wissen, warum gerade Darstellungen nach (60) so gute Approximationen sind und warum sich ganzzahlige Koeffizienten für $a_{nlm}^{(k)}$ ergeben; auch beim Bor-Atom (Abb. 10) ist z.B. jeweils eine ϱ_{2p}-Dichte mit dem Wert Eins für a_{2p} verbunden. Dieses eine Elektron kann aber auch in ein anderes 2p-Orbital hineingezeichnet werden, denn alle drei Funktionen ϱ_{2p_x}, ϱ_{2p_y} und ϱ_{2p_z} sind gleichberechtigt. Das heißt: Alle drei Dichten müssen in $\hat{\varrho}$ mit gleichem Gewicht $\frac{1}{3}$ wie in Gleichung (60) auftreten. Erst wenn im Atom eine Vorzugsrichtung vorgegeben wird, kann sich $\hat{\varrho}$ ändern und seine frühere Kugelsymmetrie verlieren, was dann in verschiedenen Gewichten ($a_{nlm}^{(k)}$) zum Ausdruck käme.

Das Pauli-Prinzip

Um die Zusammenhänge leicht zu verstehen, wollen wir Gleichung (48) noch einmal näher betrachten. Sie lautet:

$$|\Psi(x_1,y_1,z_1,\ldots\sigma_1\ldots,t)|^2 \equiv \Lambda(x_1,y_1,z_1,\ldots\sigma_1\ldots,t) \qquad (48)$$

Sie besagt — wie oben schon festgestellt — nichts anderes, als daß wir aus Ψ eine Funktion Λ gebildet haben, aus der sich dann die Elektronendichten berechnen ließen.

$$\Psi = \Psi(x_1 y_1 z_1,\ldots x_n y_n z_n, \sigma_1 \ldots \sigma_n, t) \qquad (67)$$

Die Wellenfunktion Ψ ist in (67) noch einmal ausführlicher aufgeschrieben. Wir können dabei davon ausgehen, daß die Symmetrien, die die „Materiewelle" Ψ besitzt, auch $|\Psi|^2$, und also auch Λ, aufweisen wird, aus der sich die Gesamtelektronendichte errechnen läßt (wobei allerdings Λ immer positiv ist).

Eine besondere und sehr allgemeine Symmetrieeigenschaft von Ψ, die das Verhalten der Elektronen unmittelbar anspricht, ist die Vertauschbarkeit zweier Elektronen-Koordinaten (einschließlich Spinkoordinaten).

Eine solche Prozedur an Ψ darf aber Λ — und damit die Elektronendichte — nicht ändern, weil dies wieder der Nichtunterscheidbarkeit der Teilchen widersprechen würde. Die Vertauschung zweier Elektronenkoordinaten kann daher nur das Vorzeichen von Ψ ändern oder aber es unverändert lassen, da nur in diesen beiden Fällen $|\Psi|^2$ vollständig erhalten bleibt und damit auch Λ in Gleichung (48). Wir haben also die beiden Möglichkeiten:

$$\Psi(x_1 y_1 z_1\ \sigma_1, x_2 y_2 z_2,\ \sigma_2, t) = +\ \Psi(x_2 y_2 z_2\ \sigma_2, x_1 y_1 z_1,\ \sigma_1, t) \quad (68a)$$

oder

$$\Psi(x_1 y_1 z_1,\ \sigma_1, x_2 y_2 z_2,\ \sigma_2, t) = -\ \Psi(x_2 y_2 z_2, \sigma_2, x_1 y_1 z_1\ \sigma_1, t), \quad (68b)$$

wenn wir uns auf zwei Elektronen beschränken. Das bedeutet keine Einschränkung der allgemeinen Aussagen, weil jede Permutation der Elektronenkoordinaten als ein mehrmaliges Vertauschen zweier Elektronenkoordinaten aufgefaßt werden kann.

Eine nähere Untersuchung von (68) zeigt darüber hinaus, daß ein System keinen Übergang zwischen den Zuständen (68a) und (68b) vornehmen kann. Es sind nur Übergänge zwischen Ψ_k-Zuständen gleicher Symmetrie möglich. Offenbar ist dieser Symmetrieunterschied der Wellenfunktionen für die Naturbeschreibung so tiefgreifend, daß er nicht mehr überwunden werden kann und jedes System aus Elektronen bei einer Symmetrie von Ψ verbleibt. Nach (48) kann daher für Elektronen entweder nur die symmetrische (68a) oder die antisymmetrische (antimetrische) Wellenfunktion (68b) Gültigkeit haben. Die Entscheidung darüber wurde von Wolfgang Pauli (1926) empirisch am Helium-Atom gefunden und ergab, daß *Elektronen nur mit antisymmetrischer „Materiewelle"* Ψ *richtig beschrieben werden* können. Da diese Aussage, wie oben dargelegt, allgemeingültig ist, so genügte es, an einem Beispiel die Frage zu klären.

Bedeutung des Pauli-Prinzips

Die Bedeutung des Pauli-Prinzips für die chemische Bindung kann gar nicht überschätzt werden. Wie wir nämlich sogleich sehen werden, führt erst dieses Prinzip zum Verständnis der bisherigen mathematischen Beziehungen für $\hat{\varrho}_k$ und ε_k.

Betrachten wir die antisymmetrische Wellenfunktion, und nehmen an, daß beide Elektronen parallelen Spin haben ($\uparrow\uparrow \sigma_1 = \sigma_2 \equiv \sigma^+$ oder $\downarrow\downarrow \sigma_1 = \sigma_2 \equiv \sigma^-$), so kann die Antisymmetrie nur in der Ortskoordinate erfüllt sein, da die beiden Spin-Koordinaten gleich sind. Wir haben also

$$\Psi(1,2,\sigma^+\sigma^+) = -\Psi(2,1,\sigma^+,\sigma^+) \qquad (69)$$

Nun lassen wir (in Gedanken) die beiden Elektronen sich immer näher kommen

$$x_1 \to x_2$$
$$y_1 \to y_2 \qquad (70)$$
$$z_1 \to z_2$$

und erkennen, daß im Grenzfall

$$x_1 = x_2$$
$$y_1 = y_2 \qquad (70a)$$
$$z_1 = z_2$$

in (69) keine Antisymmetrie von Ψ möglich ist, da jetzt auch die Ortskoordinaten gleich geworden sind. Die Beziehung (69) kann daher trivialerweise nur dann erfüllt sein, wenn $\Psi \equiv 0$ ist. D.h.:

die Wahrscheinlichkeit, daß sich zwei Elektronen mit parallelem Spin sehr nahe kommen, ist sehr gering und im Grenzfall sogar Null, also in der Natur „verboten".

Das Pauli-Prinzip führt also zu einem Ausweichen jeweils zweier Elektronen, wenn ihre Eigendrehimpulse parallel sind. Wir können daraus schließen, daß die Ortsabhängigkeit von Ψ bezüglich des einen und des anderen Elektrons sehr verschieden sein wird, da sonst gerade diejenigen Elektronenkonstellationen bevorzugt würden, die eine geringe Aufenthaltswahrscheinlichkeit besitzen. Anders ausgedrückt: alle Elektronen mit einer Spinrichtung σ^+ oder σ^- werden versuchen, sich möglichst auszuweichen, so daß die dazugehörigen Gesamtelektronendichten $\hat{\varrho}_+$ oder $\hat{\varrho}_-$ nach Dichten stehender Materiewellen $\varrho \varrho'$ entwickelt werden müssen, die in ihrem räumlichen Aussehen ebenfalls diesen Ausweicheffekt berücksichtigen, also sich wenig „überlappen", wobei die entsprechenden a_{nlm} den Wert Eins haben, wenn die Anzahl der ϱ_{nlm} gleich der Anzahl der Elektronen mit σ^+-Spin oder σ^--Spin ist. Nur im Falle der Entartung (wie oben gezeigt) können mehrere ϱ_{nlm} mit gleichem Gewicht auftreten. Dies drücken wir wieder in Formeln aus und schreiben:

$$\hat{\varrho}_+ \approx \sum_n \sum_\uparrow \sum_m \varrho_{nlm} \qquad (71\text{a})$$

$$\hat{\varrho}_- \approx \sum_n \sum_\downarrow \sum_m \varrho'_{nlm}. \qquad (71\text{b})$$

In diesen Gleichungen gehen wir wieder davon aus, daß nach den bekannten ϱ_{nlm} entwickelt wird, die sich ja, wie wir gesehen haben, wegen der Lage ihrer Knotenflächen relativ wenig überlappen können. Wir unterscheiden dabei vorerst noch ϱ und ϱ', da wir noch nicht wissen, wie sich Elektronen *antiparallelen Spins* zueinander verhalten. In diesem Falle nämlich führt das Pauli-Prinzip zu einer anderen Aussage, denn die Verschiedenheit der Spinkoordinaten ($\uparrow\downarrow \sigma_1 = \sigma^+, \sigma_2 = \sigma^-$ oder $\downarrow\uparrow$ $\sigma_1 = \sigma^-, \sigma_2 = \sigma^+$) ermöglicht noch die Erfüllung der Antisymmetrie der Wellenfunktion, wenn sich die beiden Elektronen immer näher kommen und auch dann noch, wenn (70a) erfüllt ist, ohne daß Ψ verschwinden, d.h. Null werden muß. Anders ausgedrückt:

im Mittel kommen sich Elektronen mit antiparallelem Spin näher als solche mit parallelem Spin.

Wir können daher annehmen, daß jeweils zwei Elektronen mit antiparallelem Spin ($\uparrow\downarrow$ oder $\downarrow\uparrow$) näherungsweise durch die gleiche Aufenthaltswahrscheinlichkeitsdichte erfaßt werden können, da ihre verschiedenen Spinkoordinaten trotz gleicher räumlicher Darstellung der Wahrscheinlichkeitsdichte zu einer nicht verschwindenden Wellenfunktion führen. Wir können daher näherungsweise wegen des Pauli-Prinzips setzen

$$\varrho'_{nlm} \approx \varrho_{nlm} \qquad (72)$$

und erhalten wegen

$$\hat{\varrho} = \hat{\varrho}_+ + \hat{\varrho}_- \qquad (73)$$

die einzelnen $\hat{\varrho}$-Dichten in (60). Die $a_{nlm}^{(k)}$-Werte sind daher ein Ausdruck des Pauli-Prinzips. Wir betonen noch einmal, daß die aus dem recht abstrakten Pauli-Prinzip (Symmetrieforderung an Ψ) erhaltenen Informationen über die mittleren Elektronenbewegungen (Aufenthaltswahrscheinlichkeiten) nicht klassischer Natur sind. Alle Erfahrungen, die sich aus dem Elektronenverhalten ergeben, sind daher nicht mehr rein klassisch zu verstehen, auch wenn sich diesen Elektronenbewegungen solche überlagern, die sich aus ihren elektrostatischen Abstoßungskräften ergeben. Die sich real ergebenden Gesamtelektronendichten sind wesentlich vom Pauli-Prinzip bestimmt und damit ist auch die chemische Bindung kein klassisches Phänomen!

Zur Darstellung der Gesamtelektronendichte

Die bisherigen Überlegungen zur $\hat{\varrho}$-Darstellung gingen davon aus, daß zur Darstellung von $\hat{\varrho}$ schon eine minimale Anzahl von Dichten ϱ_{nlm} genügt, um eine für viele Fälle ausreichende Näherung für $\hat{\varrho}$ zu erhalten. Dies muß nun näher untersucht werden, da diese Tatsache mit dem Pauli-Prinzip nichts zu tun hat. Dabei stellt es sich heraus, was wir hier nicht näher begründen wollen, daß die hier verwendete Näherung für $\hat{\varrho}$ immer besser wird, je höher (bei gleicher Anzahl der Elektronen) die Kernladungszahl des Atoms wird. Schon im neutralen Atom kann das Verhalten der Elektronen näherungsweise so gesehen werden, als befinde sich jedes einzelne in einem Potentialfeld, das sich im wesentlichen aus der Wechselwirkung mit der Ladung $+Ze$ des Atomkerns ergibt. Die übrigen $n-1$ Elektronen üben im Mittel einen abschirmenden Effekt auf die Wirkung der reinen Kernladung aus, so daß effektiv von einer Ladung $+(Z-\sigma)e$ gesprochen werden kann. Im σ kommt dann dieser „Abschirmeffekt" zum Ausdruck, wobei die „Abschirmzahl σ" u. a. noch von der Zahl der Elektronen abhängen muß.

Dieser Näherungsstandpunkt kann weiter vereinfacht so dargestellt werden, als handle es sich bei jedem Elektron um ein Einelektronensystem mit der Kernladung $(Z-\sigma_i)e$, wobei die weiteren Wechselwirkungen mit den übrigen Elektronen, die über den Einfluß von σ hinausführen, vernachlässigt werden können.

> Noch einfacher ausgedrückt: Die Wechselwirkungen der Elektronen mit einem *abgeschirmten Kern*, also im Rahmen eines kugelsymmetrischen Zentralfeldes, sind wesentlich stärker als diejenigen Wechselwirkungen, die die Elektronen darüber hinaus noch aufeinander ausüben.

Dies ist der Grund, warum $\hat{\varrho}$ mit Hilfe der Dichten von Atomorbitalen (nach Abb. 8) dargestellt werden kann, wobei nur eine minimale Anzahl dazu nötig ist.

Der Annahme, daß sich die n Elektronen eines Atoms näherungsweise wie unabhängige Teilchen bewegen, entspricht auch die Verwendung von nur wenigen ϱ_{nlm} in unseren Überlegungen. Allerdings sei noch einmal betont, daß wir die numerischen Details der Funktionen ϱ_{nlm} nicht besprechen wollen. Sie sind für das Wesentliche der Elektronenstrukturen von geringer Bedeutung, solange man die Verhältnisse qualitativ betrachtet. Daß es sich dabei freilich nicht um vollständig ungestörte Einelektronensysteme handeln kann, deren Summe sozusagen das Gesamtsystem präsentieren, ersieht man auch daraus, daß die im H-Atom vorhandene Entartung der Einelektronenzustände in der Näherung der ε_{nlm} wie in (66) angegeben, teilweise aufgehoben ist, nur die ε_{nlm} bezüglich m bei festem n und l bleiben entartet. Auch ändert sich die Sequenz der ε_{nlm} gegenüber dem H-Atom.

Ein Beispiel dafür ist etwa die Gesamtdichte $\hat{\varrho} = 2\varrho_{1s} + \frac{1}{3}(\varrho_{2p_x} + \varrho_{2p_y} + \varrho_{2p_z})$, die einem angeregten Zustand des Lithium-Atoms entspricht, oder das chemische Verhalten der Seltenen Erden, welches dadurch zu verstehen ist, daß im Sinne des echten Einelektronensystems „energetisch tiefere Dichten" später in der $\hat{\varrho}$-Darstellung auftreten, wenn die Kernladungszahl ansteigt.

Alle diese Überlegungen bezüglich der Wechselwirkungen innerhalb eines n Elektronensystems sind *Näherungen*! Ihre Gültigkeit ist in der Regel schon dann wesentlich verletzt, wenn ein negatives Atom-Ion vorliegt. Schon im einfachsten Falle des H$^-$-Ions erfaßt die Konfiguration $(1s)^2$ mit $\hat{\varrho} = 2\varrho_{1s}$ nicht mehr ausreichend die Situation, denn man erhält auf diese Weise kein stabiles Ion mehr. Hier müssen in $\hat{\varrho}$ auch $\varrho_{2s}, \varrho_{2p} \ldots$ usw. auftreten.

3. Die Elektronegativitäten

Ein *stationärer* (atomarer) *Zustand* wird durch eine *zeitunabhängige Gesamtelektronendichte* $\hat{\varrho}_k$ und eine dazugehörige Gesamtenergie ε_k eines Systems beschrieben. Betrachten wir den Grundzustand ε_0 und die Elektronendichte $\hat{\varrho}_0$ eines neutralen Atoms. Wir wollen das negative und positive Ion mit $\hat{\varrho}_0^+, \hat{\varrho}_0^-$ bzw. $\varepsilon_0^+, \varepsilon_0^-$ bezeichnen, wobei wir uns wieder auf den Grundzustand beziehen. Die Elektronenaffinität A und die Ionisierungsenergie I eines Atoms sind dann gegeben durch

$$\varepsilon_0 - \varepsilon_0^- = A \tag{74}$$

$$\varepsilon_0^+ - \varepsilon_0 = I. \tag{75}$$

Es leuchtet ein, daß die Elektronenverteilung (-dichte) in den *äußeren Bereichen* des Atoms im wesentlichen sein chemisches Verhalten bestimmen. Wenn man die Wechselwirkungen zwischen Atomen beschreiben will, kommt es also gerade auf diejenigen ϱ_{nlm} in $\hat{\varrho}$ an, die weiter vom Atomkern entfernt ihre größten Werte haben. Nimmt dagegen ein Atom ein Elektron auf, so können wir annehmen, daß $\hat{\varrho}$ besonders in den äußeren Bezirken des gebildeten Ions gegenüber dem Atom an Wert zugenommen hat.

Betrachten wir einmal die Summe von A und I und fassen wir sie als ein Maß dafür auf, wie stark ein neutrales Atom ein Elektron aufnehmen möchte und sich der Entfernung eines Elektrons widersetzt. Wir nennen die Elektronegativität eines Atoms λ

$$\chi_\lambda = \frac{1}{130}(I_\lambda + A_\lambda). \tag{76}$$

Der Proportionalfaktor wurde als $\frac{1}{130}$ gewählt, damit die Werte von χ für alle Elemente zwischen 0,5 und 4,0 liegen, wenn I und A in Kcal/mol gemessen werden. Wenn unsere Überlegungen richtig sind, so muß χ auch mit anderen Atomeigenschaften näherungsweise zusammenhängen. Tatsächlich zeigt sich, daß sehr gut mit χ nach (76) übereinstimmende Werte χ' nach

$$\chi' = 0{,}31 \frac{n_\lambda + 1}{R_\lambda} + 0{,}5 \tag{77}$$

erhalten werden, wenn n_λ die Wertigkeit und R_λ den kovalenten Radius des Atoms bedeuten. Wir kommen auf diese Begriffe später noch näher zurück.

Nach der Definition (76) erwartet man, daß auch die Austrittsarbeit Ω_λ von Elektronen aus Metallen in einfacher mathematischer Form mit χ_λ zusammenhängt. Definiert man auf diese Weise nach

$$\chi''_\lambda = 0{,}44\,\Omega_\lambda - 0{,}15 \tag{78}$$

eine weitere Elektronegativität, so besteht wieder sehr gute numerische Übereinstimmung, wenn Ω_λ in Elektronenvolt (eV) gemessen wird.

Betrachten wir zwei Atome X und Y mit ihren Elektronegativitäten näher, so kann man aus der Gleichung (76) eine sehr interessante Relation ableiten:

$$\chi_X = \frac{1}{130}(I_X + A_X)$$

$$\chi_Y = \frac{1}{130}(I_Y + A_Y) \tag{79}$$

Gehen wir davon aus, daß die Elektronegativität des Atoms X größer ist

$$\chi_X > \chi_Y, \tag{80}$$

so ergibt sich aus (80) mit (79) die weitere Ungleichung

$$I_X + A_X > I_Y + A_Y. \tag{81}$$

Wenn wir auf beiden Seiten den gleichen Betrag $A_X + A_Y$ abziehen, bleibt die Ungleichung erhalten. Aber wir bekommen so die anschaulich interpretierbare Beziehung

$$I_X - A_Y > I_Y - A_X. \tag{82}$$

Nehmen wir an, die beiden Atome befinden sich in einem großen Abstand voneinander (Abb. 11):

A_X, I_X $\qquad\qquad\qquad\qquad\qquad\qquad\qquad A_Y, I_Y$

$X \mathrel{\underline{\qquad\qquad\qquad\qquad\qquad\qquad\qquad}} Y$
$\qquad\qquad$ Abstand R_{XY} sehr groß

Abb. 11

Dann bedeutet die linke Seite der Gleichung (82) die Energie, die aufzubringen ist, wenn von $X \ldots Y$ ausgehend $X^+ \ldots Y^-$ gebildet wird. Die rechte Seite entspricht folgerichtig dem Übergang zu $X^- \ldots Y^+$.

Ist also die Ungleichung (80) erfüllt, so heißt das, daß weniger Energie benötigt wird, um $X^- \ldots Y^+$ herzustellen als $X^+ \ldots Y^-$. Damit aber dürfen wir erwarten, daß die Differenz der Elektronegativitäten uns gewisse Informationen liefern sollte, wenn sich die beiden Atome nähern und miteinander in Wechselwirkung treten.

L. Pauling hat diese Überlegungen mathematisch formuliert: Führen wir die Bindungsenergien D_{XX} und D_{YY} ein, die den zweiatomigen Molekülen X_2 und Y_2 entsprechen, so findet man fast ausnahmslos die Ungleichung

$$D_{XY} \leqslant \tfrac{1}{2}(D_{XX} + D_{YY}); \quad D \leqslant 0 \tag{83}$$

erfüllt, wenn D_{XY} die Bindungsenergie des Moleküls XY bedeutet. Wenn X gleich Y ist, ist die Beziehung (83) eine Trivialität und es gilt das

Gleichheitszeichen. Man kann daher *vermuten*, daß bei Gleichsetzung mit Hilfe des Ausdrucks Δ_{XY}

$$D_{XY} = \frac{1}{2}(D_{XX} + D_{YY}) - \Delta_{XY}, \tag{84}$$

dieser im einfachsten Falle vom Quadrat der Differenz der beiden Elektronegativitäten abhängen könnte

$$\Delta_{XY} = \text{const}\, (\chi'''_X - \chi'''_Y)^2. \tag{85}$$

Tatsächlich zeigt sich, daß (84) näherungsweise erfüllt werden kann, wenn man so wieder eine neue Skala der Elektronegativitäten χ''' aufbaut (die wiederum gute numerische Übereinstimmung mit χ, χ' und χ'' zeigt).

Eine ganz unerwartete Beziehung wurde gefunden, wenn man den Bindungsabstand $R^{(0)}_{XY}$ eines Moleküls XY sowie die Kraftkonstante k_{XY} der Bindung berücksichtigt (worauf wir noch näher eingehen werden). Man erhält dann eine Gleichung, die wie folgt aussieht:

$$k_{XY} = aP_{XY} \left(\frac{\chi^{IV}_X \chi^{IV}_Y}{R^{(0)}_{XY}} \right)^{3/4} + b. \tag{86}$$

Element	nach (76)	nach (77)	nach (78)	nach (84)	nach (86)	$\bar{\chi}$
H	2,53	2,17		2,1	2,13	2,15
Li	0,95	0,96	0,9	1,0	0,95	0,95
Be		1,38	1,3	1,5	1,45	1,5
B		1,91	2,0	2,0	1,9	2,0
C	2,23	2,52		2,5	2,55	2,5
N	2,58	3,01		3,0	2,98	3,0
O	3,08	3,47		3,5	3,45	3,5
F	4,06	3,94		4,0	3,95	3,95
Na	0,92	0,90	0,9	0,9	0,90	0,9
Mg		1,16	1,4	1,2	1,2	1,2
Al		1,48	1,5	1,5	1,5	1,5
Si		1,82	1,7	1,8	1,8	1,8

Tabelle 1

In dieser Gleichung sind a und b bestimmte Konstante. P_{XY} bedeutet die sogenannte „*Bindungsordnung*" der Bindung XY und ist 1, 2 oder 3, wenn es sich um eine Einfach-, Doppel- oder Dreifachbindung zwischen X und Y handelt. Auch nach dieser Gleichung (86) lassen sich Elektronegativitäten ableiten, wenn die übrigen Größen bekannt sind und auch hier erhält man eine gute Übereinstimmung mit den χ-Werten aus anderen Relationen.

Die Tabelle 1 gibt einen Zahlenvergleich zwischen allen oben diskutierten χ-Werten. Man erkennt, wie gut die auf verschiedene Weise erhaltenen Elektronegativitäten numerisch übereinstimmen. Die letzte Spalte gibt einen plausiblen Mittelwert $\bar{\chi}$ aus allen Werten.

Valenzstrich-Struktur und Bindungsenergien

Zur Beziehung (84) bleibt nachzutragen, daß sie eine erweiterte Interpretation zuläßt, wenn man auf mehratomige Moleküle übergeht. Betrachten wir vereinfachend ein Molekül der folgenden Struktur

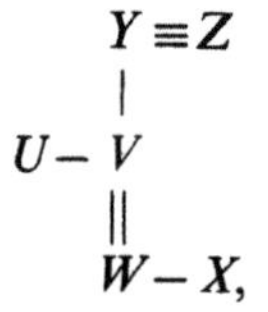

$$\begin{array}{c} Y \equiv Z \\ | \\ U - V \\ \| \\ W - X, \end{array}$$

Abb. 12a

Dabei wollen wir annehmen, daß nur *eine* Valenzstrichstruktur zur Beschreibung vorliegt. In diesem Fall läßt sich die Bildungsenergie D, bezogen auf die freien Atome, näherungsweise als die Summe von Bindungsdekrementen $\tilde{D}(\lambda\mu)$ schreiben, die sich jeweils auf zwei Atome λ und μ beziehen, die im Valenzstrichschema verbunden sind.

$$D \approx \tilde{D} = \sum_{\lambda,\mu} \tilde{D}(\lambda\mu). \tag{87}$$

Für Abb. 12a ergibt sich nach (87)

$$D \approx \tilde{D} = \tilde{D}(U-V) + \tilde{D}(V=W) + D(W-X) + \\ + \tilde{D}(V-Y) + \tilde{D}(Y \equiv Z). \tag{87a}$$

Eine solche Darstellung hätte keinen Sinn, wenn sich nicht ergeben hätte, daß die einzelnen $\tilde{D}(\lambda\mu)$ auch auf andere Moleküle mit einer Valenzstruktur näherungsweise übertragen werden können. Liegt etwa die folgende Valenzstrichstruktur vor

$$\begin{array}{l} Z-U \\ \parallel \\ W-Y\equiv Z, \end{array}$$

Abb. 12b

so kann näherungsweise wieder das $\tilde{D}(Y\equiv Z)$ aus (87a) übernommen werden. Die Bindungsdekremente werden also als Mittelwerte aus einer großen Anzahl von Verbindungen mit eindeutigem Valenzstrichschema berechnet.

Die Beziehung (84) kann, wie die Erfahrung gezeigt hat, auch auf größere Moleküle ausgedehnt werden, wenn die $\tilde{D}(\lambda\mu)$ verwendet werden. Damit geht die Gleichung (84) über in

$$\tilde{D}_{XY} = \frac{1}{2}(\tilde{D}_{XY} + \tilde{D}_{YY}) - \Delta_{XY} \tag{88}$$

Liegt keine eindeutige Valenzstrichformel vor, so gilt fast ausnahmslos

$$D < \tilde{D}, \tag{89}$$

so daß

$$D = \tilde{D} + E_R \tag{90}$$

gesetzt werden kann. Wir nennen E_R die Resonanz- oder Sonderenergie; sie ist gleich Null bei einem Molekül mit eindeutigem Valenzstrichschema. Legen wir etwa die $\tilde{D}(\lambda\mu)$-Werte nach Tabelle 2 zugrunde,

Bindung $\lambda\mu$	$-\tilde{D}(\lambda\mu)$	Bindung $\lambda\mu$	$-\tilde{D}(\lambda\mu)$
C–H	87	N–H	84
C–C	59	O–H	110
C–O	70	O=O	96
C=C	123		

Tabelle 2

so erhalten wir an einigen Beispielen die folgenden Resonanzenergien:

Verbindung	$-D$	$-\tilde{D}$	E_R (Kcal/Mol)	
CH_4	342,3	342,24	~ 0	
C_4H_{10}	1043,2	1043,91	~ 0	
$C_{12}H_{26}$	2915,0	2915,03	~ 0	
			(eV)	(Kcal/Mol)
	58,20	56,58	1,62	37,4
	92,52	89,28	3,24	74,7
	42,18	41,25	0,93	21,5

Tabelle 3

Wir betonen aber nochmals, daß alle diese Beziehungen aus Mittelwerten $D(\lambda\mu)$ aufgebaut sind, so daß E_R nur ein Anhaltspunkt für die Bindungsverhältnisse sein kann.

Die Bindungsradien

Die weitgehende Konstanz von $D(\lambda\mu)$ steht im Einklang mit der Tatsache, daß bei Molekülen mit eindeutiger Valenzstrichstruktur die *Bindungsabstände nahezu konstant bleiben*. So erhält man in allen Verbindungen einen C–C-Abstand von 1,54 Å. Die Doppelbindung C=C besitzt immer den Abstand 1,34 Å, und für die C≡C-Bindung findet man 1,20 Å. Entsprechendes gilt für andere Bindungen.

Dies wiederum legt nahe, auch für die Bindungsabstände $R_{XY}^{(0)}$ einen Ansatz zu versuchen, der Ähnlichkeit mit (88) hat. Es zeigt sich, daß mit

$$R_{XY}^{(0)} \cong \frac{1}{2}(R_{XX}^{(0)} + R_{YY}^{(0)}) - 0{,}09|\chi_X - \chi_Y| \tag{91}$$

die Meßergebnisse gut wiedergegeben werden. Damit erhalten wir atomare Größen $R_{XX}^{(0)}$ und $R_{YY}^{(0)}$, die wir nach (91) als *doppelte „Atomradien"* R_X, R_Y interpretieren können. Wir haben also

$$R_{XY}^{(0)} \cong R_X + R_Y - 0{,}09|\chi_X - \chi_Y| \tag{92}$$

zu schreiben.

Man nennt R_X auch den *kovalenten Atomradius* des Atoms X (den wir schon in (77) verwendet haben, in (86) trat schon der Bindungsabstand $R_{XY}^{(0)}$ auf).

Tabelle 4 gibt einige kovalente Atomradien in Ångström an.

$P_{\lambda\mu}$	B	C	N	O	Si	P	S
1	0,88	0,77	0,74	0,74	1,17	1,10	1,04
2	0,76	0,66	0,61	0,55	1,07	1,00	0,94
3	0,68	0,60	0,56	0,50	1,00	0,93	0,87

Tabelle 4

$P_{\lambda\mu}$ bedeutet die Bindungsordnung, die uns in der Gleichung (86) schon begegnete ($\lambda = \mu$).

IV. Die „Anschaulichkeit" der chemischen Bindung

1. Ein sehr wichtiger Näherungsstandpunkt

In unseren bisherigen Überlegungen haben wir gelegentlich die Atomkerne fixiert im Raum angenommen (Abb. 3), obwohl wir anfangs feststellten, daß Elektronen und Atomkerne gleichermaßen in Bewegung sind und für alle Teilchen nur Aufenthaltswahrscheinlichkeiten angegeben werden können. Allerdings sollten die Bewegungen der Atomkerne wegen ihrer größeren Masse eine geringere Ungenauigkeit zeigen; aus der Unschärferelation (8) kann man das auch herauslesen.

Diese Überlegungen sind Ausgangspunkt für eine Näherung, die die Betrachtung der chemischen Bindung sehr vereinfacht. Bedenken wir, daß schon das Massenverhältnis von Elektron und Wasserstoffatomkern rd. $\frac{1}{2000}$ beträgt, so werden sich die Atomkerne im Mittel langsamer als die Elektronen bewegen, oder anders ausgedrückt:

> Für jede Atomkernkonstellation wird sich die dazugehörige Elektronendichte so rasch einstellen, daß man in sehr guter Näherung die Atomkerne als vorübergehend im Raum „festgehalten" betrachten kann und nur die entsprechende dazugehörige Wahrscheinlichkeitsdichte der Elektronen $\bar{\varrho}$ zu untersuchen braucht.

Danach nimmt man eine andere Kernlage an und diskutiert das jetzt entstandene Verhalten usw. Diese Näherung, die in der Literatur als *Born-Oppenheimer-Approximation* bekannt ist, ermöglicht uns z. B., bei einem zweiatomigen Molekül verschiedene „festgehaltene" Kernabstände R anzunehmen und dann die jeweiligen Wahrscheinlichkeitsdichten $\bar{\varrho}$ zu untersuchen. Andererseits existiert für jeden Kernabstand R eine bestimmte stationäre Energie $\varepsilon(R)$, die das Elektronensystem besitzt, wobei wir noch die Wechselwirkungen der „festgehaltenen" Kerne in $\varepsilon(R)$ mit einschließen wollen. Es fehlt also nur noch die kinetische Energie der Kerne. Da diese aber als fixiert gelten, kann diese Energie weggelassen werden.

Betrachten wir die Energiekurven $\varepsilon(R)$ zweiatomiger Systeme, so sehen wir, daß grob gesehen zwei Fälle unterschieden werden können, die wir in Abb. 13 gezeichnet haben.

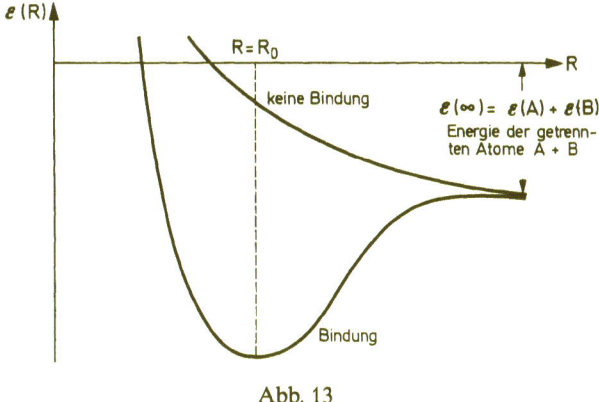

Abb. 13

Der Energieabfall (und das Minimum bei $R = R_0$) zeigt das Auftreten der Anziehung (rechts von R_0) und damit das Vorliegen einer chemischen Bindung (wenn das Minimum eine ausreichende Tiefe hat). Links von $R_0 (R < R_0)$ steigt die Energiekurve wieder an; es liegt eine Abstoßung vor. Bei der anderen Kurve beobachten wir dagegen für alle R-Werte Abstoßung; es existiert keine chemische Bindung.

Wir betonen, daß solche Vorstellungen mit Hilfe der Energiekurve nur im Rahmen der Born-Oppenheimer-Näherung möglich sind, die allerdings (mit wenigen Ausnahmen) eine vorzügliche Approximation darstellt. Die Folgerungen daraus führen aber noch weiter.

Betrachten wir nun die Bewegung der Kerne, gehen wir also von ihrer ursprünglich angenommenen räumlichen Fixierung ab, so können wir $\varepsilon(R)$ als das Potentialfeld auffassen, in welchem sich die Atomkerne bewegen. Nach der Born-Oppenheimer-Näherung sollen sich ja die Elektronen so schnell auf die jeweilige Kernlage einstellen, daß damit auch praktisch sofort das neue $\varepsilon(R)$ vorliegt.

Bei der Betrachtung der Kernbewegungen tritt somit zur potentiellen Energie $\varepsilon(R)$ zusätzlich die *Bewegungsenergie* (kinetische Energie) der Kerne. Diese Energie $\bar{\varepsilon}$ des Gesamtsystems (Elektronen und Atomkerne), wobei die Elektronenenergie schon in $\varepsilon(R)$ steckt, kann nur im Falle chemischer Bindung (Abb. 13) stationär sein, da nur dann die Aufenthaltswahrscheinlichkeit der Kerne um den Bindungsabstand R_0 liegt (für $R \to 0$ oder $R \to \infty$ verschwindet sie). Es liegen somit — wie früher bei den Elektronen — gebundene Zustände $\bar{\varepsilon}_m$ vor ($m=0,1,2,\ldots$). Dies ist bei der ε-Kurve ohne Minimum nicht der Fall.

Die gebundenen Zustände sind die *Schwingungs- und Rotationszustände des Moleküls* und wir unterscheiden diese in ε_{vJ} durch zweimaliges Indizieren ($v=0,1,2\ldots$; $J=0,1,2,\ldots$). Die Potentialkurven $\varepsilon_k(R)$ stellen die Zustände des Elektronensystems bei bestimmtem Kernabstand R dar, von denen es ebenfalls viele gibt, und die wir durch den Index k unterscheiden wollen. Damit existieren im Rahmen dieser Näherung für jeden elektronischen Zustand (k) bestimmte Schwingungs- und Rotationszustände (v,J). Abbildung 14 gibt dies alles noch einmal vereinfacht graphisch wieder.

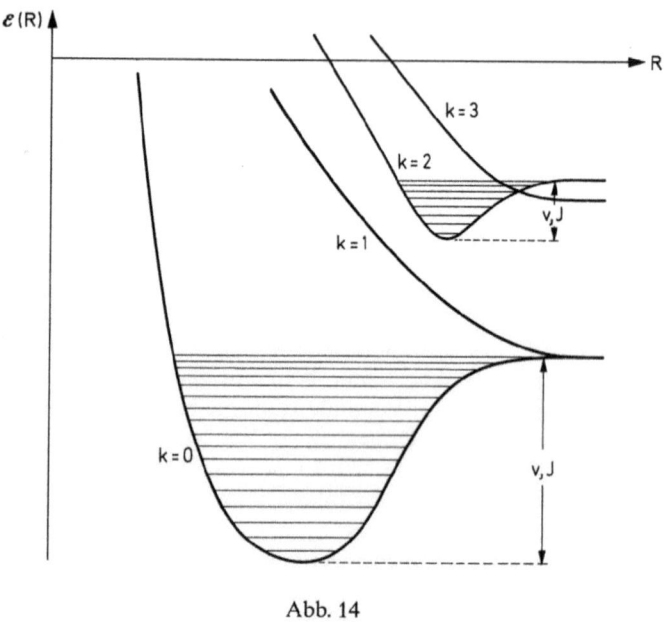

Abb. 14

Hier ist nun zu beachten, daß grundsätzlich nur die $\bar{\varepsilon}_{kvJ}$-Zustände Bedeutung haben, solange stationäre Zustände im gesamten System von Elektronen und Atomkernen betrachtet werden und daß die Potentialkurven $\varepsilon_k(R)$ nur im Rahmen der Born-Oppenheimer-Näherung von Bedeutung sind. Sie könnten prinzipiell weggelassen werden, auch dann können fast die gleichen $\bar{\varepsilon}$-Werte berechnet werden, aber die Einführung eines Potentials $\varepsilon(R)$, in welchem sich die Atomkerne bewegen, schafft einen ordnenden Überblick und vereinfacht die Beschreibung der Verhältnisse ganz beträchtlich, zumal die dabei verwendete Näherung so ausgezeichnet und allgemein anwendbar ist.

Nur die *Energiedifferenzen* $\bar{\varepsilon}_{k,v,J} - \bar{\varepsilon}_{k',v',J'}$ kann das System abgeben oder aufnehmen, wie die Erfahrung gezeigt hat. Handelt es sich dabei um Strahlung, so gilt nach A. Einstein die Beziehung

$$\bar{\varepsilon}_{k',v',J} - \bar{\varepsilon}_{k',v',J'} = h\nu \qquad (91)$$

wenn ν die Frequenz der abgegebenen oder aufgenommenen Strahlungsenergie bedeutet. Allerdings zeigt die nähere Untersuchung, daß viele „Übergänge" $k',v',J' \leftrightarrow k,v,J$ aus Symmetriegründen nicht beobachtet werden, worauf wir hier nicht näher eingehen wollen.

Im Rahmen unserer Näherung werden alle $\bar{\varepsilon}_{k,v,J}$-Zustände jeweils durch das entsprechende k, d. h. durch die $\varepsilon_k(R)$-Kurve, bestimmt. Ihr Verlauf legt im einzelnen die Lage der $\bar{\varepsilon}$-Niveaus fest, dabei ist besonders das tiefste mit $v=J=0$ interessant. Es liegt um einen bestimmten Betrag $\bar{\varepsilon}_{k,v,J} - \varepsilon_k(R_0) = \bar{\varepsilon}_k^{(0)}$ über dem Minimum der $\varepsilon_k(R)$-Kurve, welches bei $R = R_0$ eingenommen wird, wobei wir uns jetzt auf die Kurve des elektronischen Grundzustands ($k = 0$) beziehen. Wir nennen $\bar{\varepsilon}^{(0)}$ die *Nullpunktsenergie*, weil alle Moleküle diesen Zustand annehmen, wenn sich die Temperatur dem absoluten Nullwert nähert. In diesem Falle existiert keine Rotation mehr ($J = 0$), dagegen liegt bei $v = 0$ noch eine Schwingung vor, die entsprechend *Nullpunktschwingung* genannt wird. Ihre Energie ergibt sich in guter Näherung zu

$$\bar{\varepsilon}^{(0)} \cong \frac{h}{2\pi}\sqrt{\frac{k_{AB}}{\mu_{AB}}} \qquad (92)$$

wenn μ_{AB} die sogenannte *reduzierte Masse* der beiden Atomkerne A und B bedeutet, deren Massen M_A und M_B betragen

$$\mu = \frac{M_A M_B}{M_A + M_B}. \qquad (93)$$

Die Größe k_{AB} ist die schon in Gl. (86) erwähnte Kraftkonstante der Bindung AB; sie ist im wesentlichen durch den Grad der Krümmung der Energiekurve $\varepsilon(R)$ im Minimum ($R = R_0$) gegeben.

Wir wollen die eben besprochenen Verhältnisse anschließend an die Abb. 13 und 14 noch einmal graphisch darstellen (Abb. 15).

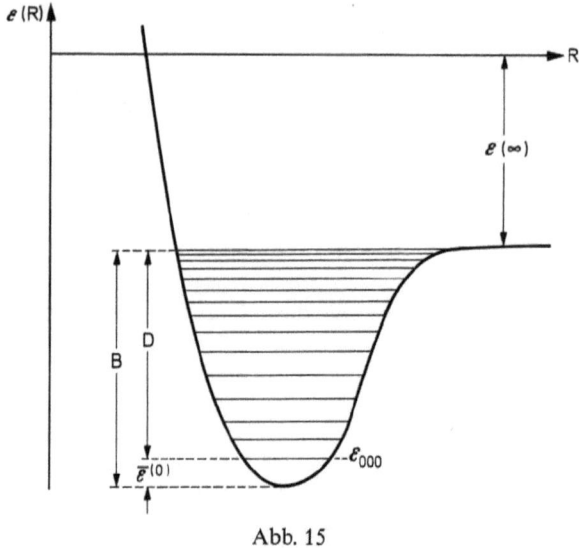

Abb. 15

D bedeutet die *Dissoziationsenergie*, wie sie gemessen wird, wenn das Molekül aus $\bar{\varepsilon}_{000}$ heraus dissoziiert. Die theoretische Größe B nennt man *Bindungsenergie*. Sie ist in den meisten Fällen von D nicht sehr verschieden, da $\bar{\varepsilon}^{(0)}$ in der Regel klein ist. Es gilt im einzelnen

$$D - B = \bar{\varepsilon}^{(0)}, \tag{94}$$

wenn D und B negativ gerechnet werden.

2. Die chemische Bindung

Mit Einführung der Energiekurve $\varepsilon(R)$ haben wir zwar kein tieferes Verständnis der chemischen Bindung erhalten, aber einen sehr guten Überblick bezüglich der Beschreibungsmöglichkeiten. Wie hat man sich nun $\hat{\varrho}$ (als Funktion von R) ungefähr vorzustellen? Dies sollen nun die folgenden Abbildungen 16, 17, 18 und 19 schematisch erläutern.

Die beiden Atome wollen wir wieder mit A und B bezeichnen und diese bilden das Molekül AB im Bindungsabstand R_0.

In diesen Abbildungen wurde $\hat{\varrho}$ nur in einer Ebene, die durch die Verbindungsachse R geht, betrachtet und dann in Form von „Höhen-

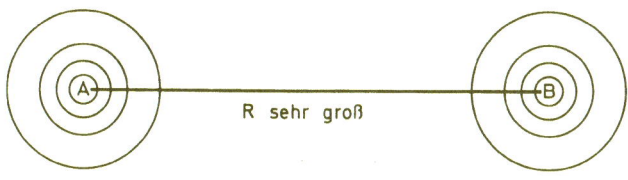

Abb. 16

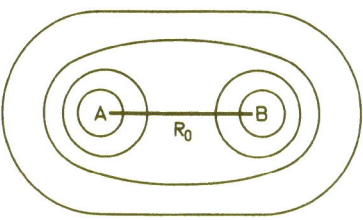

Abb. 17

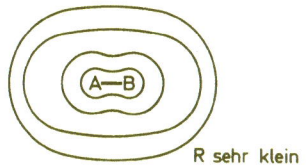

Abb. 18

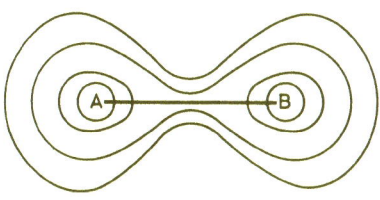

Abb. 19

schichtlinien" skizziert. Alle Einzelheiten wurden dabei weggelassen, um das Allerwesentlichste herauszustellen.

Der Verlauf der Dichte von Abb. 16 nach Abb. 18 ($R \rightarrow 0$) entspricht dem Durchgang auf der Potentialkurve $\varepsilon(R)$ in Abb. 13, wenn Bindung vorliegt. Interessant ist nun, wie die Verhältnisse aussehen, wenn zwischen den beiden Atomen keine Bindung (Abb. 13) existiert. Während sich Abb. 16 und 18 davon nur wenig unterscheiden, erhalten wir anstelle von Abb. 17 eine Wahrscheinlichkeitsdichte $\hat{\varrho}$, wie in Abb. 19 schon angegeben. Wir sehen: die Aufenthaltswahrscheinlichkeit der Elektronen zwischen den Atomkernen ist geringer als in Abb. 17. Offenbar haben wir damit eine Ursache der chemischen Bindung gefunden!

> Nimmt die Aufenthaltswahrscheinlichkeitsdichte der Elektronen zwischen den Atomkernen zu (Abb. 17), so ist in der Regel eine Bindung zu erwarten. Im anderen Falle (Abb. 19) stoßen sich die beiden Atome für alle Kernabstände ab.

Diese Aussage hat sicher nur qualitativen Wert; immerhin erhalten wir auf diese Weise schon die ersten Einblicke in den Bindungsvorgang. Diese Ab- oder Zunahme von $\hat{\varrho}$ bedarf daher noch der Einführung eines Bezugspunktes. Wir wollen genauer dann von einer Ab- oder Zunahme sprechen, wenn sich $\hat{\varrho}$ nach Abb. 17 oder 19 in gewissen Raumbereichen erniedrigt oder erhöht gegenüber demjenigen $\hat{\varrho}_{AB}$, welches sich dadurch ergibt, daß die beiden ungestörten Atome A und B nach Abb. 16 in den jeweiligen Abstand R gebracht werden, ohne daß die Wechselwirkungen zwischen ihnen berücksichtigt werden, die dann zu der wirklichen $\hat{\varrho}$-Dichte nach Abb. 17 oder 19 führen würde. Nennen wir die Dichte der getrennten Atome $\hat{\varrho}_A$ und $\hat{\varrho}_B$, so wäre unsere Bezugsdichte durch

$$\hat{\varrho}_{AB} = \hat{\varrho}_A + \hat{\varrho}_B \qquad (95)$$

gegeben, wobei natürlich $\hat{\varrho}_{AB}$ auch von R abhängt, da $\hat{\varrho}_A$ und $\hat{\varrho}_B$ sich näherkommen, ohne sich allerdings zu verändern.

Untersucht man die Differenz $\hat{\varrho} - \hat{\varrho}_{AB}$ näher, was hier nur erwähnt werden soll, so erkennt man übrigens, daß auch Änderungen um die Atomkerne herum auftreten und u. U. auch weit außerhalb der Verbindungsachse von A und B. Es zeigt sich aber wiederum, daß die Änderungen in der sogenannten *Bindungsregion* zwischen den Zentren und um die Verbindungsachse herum im wesentlichen bestimmen, ob eine Bindung, also eine Anziehung der beiden Atome für bestimmte Abstände auftritt oder nicht.

> Die Anziehung von A und B, die chemische Bindung, kommt also im wesentlichen dadurch zustande, daß sich in der Bindungsregion eine erhöhte Aufenthaltswahrscheinlichkeit der Elektronen aufbaut, wenn sich die beiden Atome näherkommen, die auch einer häufigeren negativen Ladung in diesem Bereich entspricht,

so daß sich im Atomkernbereich im Mittel weniger negative Ladung aufhält. Auf diese Weise werden die positiven Atomkerne, in deren Umgebung sich geringfügig weniger Elektronen aufhalten, in den mittleren Bereich erhöhter Aufenthaltswahrscheinlichkeit der negativen Elektronen hineingezogen.

Dies kann aber nicht mehr für kleine R gelten, da sich dann die positiven Atomkerne immer näher kommen, wodurch der Raum zwischen ihnen, wo sich Elektronen aufhalten, immer kleiner wird, so daß sie beginnen, sich auf Grund ihrer gleichen Ladung abzustoßen. Im Einklang steht damit der steile Anstieg von $\varepsilon(R)$ für $R \to 0$, der schließlich in die reine Coulomb-Abstoßung $\dfrac{Z_A Z_B e^2}{R}$ übergeht, wenn Z_A und Z_B die Kernladungszahlen der beiden Atome bedeuten.

Wie kommt es nun dazu, daß nicht zwischen allen Atomen danach eine chemische Bindung auftritt, denn wir kennen ja bekanntlich Fälle, wo die Anziehung der beiden Atome ausfällt. Die Hauptursache dafür liegt im *Pauli-Prinzip*, welches ganz entscheidend die Aufenthaltswahrscheinlichkeit bestimmt!

Wie wir gezeigt hatten, können sich Elektronen mit antiparallelem Spin (↑↓) im Mittel näherkommen, als solche mit parallelem Spin (↑↑ oder ↓↓). Wir sehen daher ein, daß sich zwischen den Zentren energetisch günstiger zwei Elektronen mit antiparallelem Spin aufhalten werden, da sie sich näherkommen können. Es handelt sich hier also um eine Zweielektronenbindung, wobei die beiden Elektronen ihre Spins „absättigen" (↑↓).

Inwieweit die Atome einen Teil ihrer Elektronen zu solchen Bindungen zur Verfügung stellen können, hängt auch von ihrer eigenen Elektronenstruktur ab. Als einfachstes Beispiel betrachten wir das System

$$H(\uparrow) + He(\uparrow\downarrow).$$

Beide Atome haben eine $1s$-Ladungsverteilung. Nähern sie sich, so könnte zwar in einem Falle eine Spinabsättigung erfolgen, aber das andere Elektron des Heliums weicht dann dem einen Elektron aus, welches seine größte Wahrscheinlichkeit am Wasserstoff-Atom hat, so daß sich beide Effekte kompensieren und schließlich keine Bindung auftritt.

Das gleiche gilt für zwei Helium-Atome

$$He(\uparrow\downarrow) + He(\uparrow\downarrow).$$

Auch hier heben sich die Spin-Effekte weitestgehend auf. Mit anderen Worten, auch die beiden Atomkonfigurationen $(1s)^2$ führen zu keiner Bindung.

Wir haben die Verhältnisse zwar sehr einfach beschrieben, aber damit doch das Wesentlichste erfaßt. Feinere Effekte können gelegentlich zu schwachen Bindungen führen, wie z. B. beim System

$$Be(1s)^2(2s)^2 + Be(1s)^2(2s)^2,$$

wo die Kompensation nicht vollständig ist.

Betrachten wir schließlich noch Li+Li, so werden sich jeweils zwei Elektronen mit abgesättigtem Spin in der Nähe der Kerne aufhalten. Die Maxima der ϱ_{2s}-Dichten in der Entwicklung von $\hat{\varrho}$ liegen dagegen weiter von den Kernen entfernt, so daß sich beim Annähern der beiden Atome eine Bindungsregion ausbilden kann, die einer Zweielektronenbindung entspricht. Das gleiche gilt im Prinzip auch für $Li(1s)^2(2s)+H(1s)$ und natürlich auch für $H(1s)+H(1s)$.

Alle diese Überlegungen führen zu Konsequenzen, die für die Chemie sehr wichtig sind. Es zeigt sich nämlich, daß alle Unterscheidungen, wie etwa zwischen *kovalenter und Ionenbindung*, keine wesentlich verschiedenen Merkmale aufweisen. Betrachten wir die Ladungsschwerpunkte der positiven Atomkerne und des gesamten Elektronensystems, so wird dann ein Dipolmoment des Moleküls auftreten, wenn diese beiden Schwerpunkte nicht zusammenfallen. Das gilt streng auch für Mehrzentrensysteme (mehratomige Moleküle).

Betrachten wir ein zweiatomiges Molekül mit $Z_A \neq Z_B$, so ist von vornherein nicht so ohne weiteres zu sagen, wo der Schwerpunkt der negativen Ladungen liegen wird. Es kann durchaus eine wesentliche Verschiebung der Elektronendichte (Ionenbindung) in der Bindungsrichtung stattfinden, ohne daß damit zwangsläufig ein großes Dipolmoment zu erwarten ist. Nur im Falle $Z_A = Z_B$ tritt im Grundzustand exakt ein dipolloses Molekül auf und wir sprechen dann von einer kovalenten Bindung.

In allen Fällen ist also die Entstehung der chemischen Bindung die gleiche wie oben angegeben. Das gilt auch etwa für *Wasserstoffbrückenbindungen*, wo sich zwischen H-Atom und Protonenakzeptor eine größere Aufenthaltswahrscheinlichkeitsdichte der Elektronen einstellt. Ebenfalls das gleiche Phänomen beobachten wir bei der sogenannten metallischen Bindung, wo ebenfalls zwischen den Metallatomen ein Anstieg von $\hat{\varrho}$ zu beobachten ist. Die Einzelheiten des $\hat{\varrho}$-Anstiegs beeinflussen dann die sich schließlich einstellende räumliche Anordnung der Atome. Es handelt sich also um Mehrzentrenbindungen, wie wir sie schon im einfachsten Falle in H_3^+ und Diboran (B_2H_6) beobachten. In diesen Fällen können immer mehrere Valenzstrichstrukturen aufgezeichnet werden.

3. Einige halbempirische Vorstellungen

Nach den bisherigen Überlegungen zur chemischen Bindung kann man davon ausgehen, daß in einem Molekül

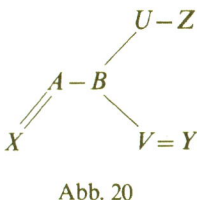

Abb. 20

etwa die Bindung $A-B$ im wesentlichen von den Nachbarbindungen $B-U$, $B-V$ und $A=X$ beeinflußt wird. Wir können daher von einer Größe $\tilde{D}_T(A,B)$ ausgehen, die einer ungestörten Bindung $A-B$ entspricht und die als Trennungsenergie angesehen werden kann. Es handelt sich freilich dabei um eine ideale Größe, denn in Wirklichkeit können wir $\tilde{D}_T(AB)$ nicht so ohne weiteres messen, sondern werden von der wirklichen (realen) Trennungsenergie $\hat{D}_T(AB)$ der Bindung $A-B$ ausgehen müssen, wie sie etwa bei pyrolytischer Spaltung dieser Bindung beim Molekül beobachtet wird. Die Differenziez zwischen $\hat{D}_T$ und $\tilde{D}_T$ wird dann Ausdruck des Einflusses der benachbarten Bindungen von $A-B$ sein. Aus diesen Überlegungen heraus setzen wir nach Z.G. Szabo für $\hat{D}_T$ an:

$$\hat{D}_T(AB) \cong \tilde{D}_T(AB) + d(B-U) + d(B-V) + d(A=X). \qquad (96)$$

Es zeigt sich nun, daß ein solcher Ansatz für $\hat{D}_T$ in der Praxis sehr gut erfüllt ist, es sei denn, das Molekül ist aus sterischen Gründen aus seiner Gleichgewichtslage heraus, die es ohne diesen Effekt einnehmen würde, sehr verzerrt.

Die Tabelle 5 gibt einige auf diese Weise erhaltene idealen Trennungsenergien $\tilde{D}_T(XY)$ an. In Tabelle 6 finden wir dann eine Reihe von Dekrementen d, die sich in sehr guter Näherung von einem Molekül auf ein anderes übertragen lassen; alle Werte sind in Kcal/Mol gerechnet.

Bindung	$-\tilde{D}_T(XY)$	Bindung	$\tilde{D}_T(XY)$
C−C	161	≡C−N=	145
C−H	142	−O−O−	66
C−F	147	=C=O	200
C−Cl	120	−O−H	123
C−Br	106	−S−H	104
C−O−	147	=C−S	127

Tab. 5

System	$d(x)$	System	$d(x)$
−H	13	−C$_6$H$_5$	34
−F	14	−CH$_3$	15
−Cl	19	=CH$_2$	25
−Br	18	−CH$_2$Cl	22
−O	22	−CHCl$_2$	32
=O	33	−CCl$_3$	42
−C(CH$_3$)$_3$	15	−CO−CH$_3$	18

Tab. 6

Um zu zeigen, wie gut die halbempirische Beziehung (96) erfüllt ist, haben wir in Tabelle 7 einige Beispiele aufgeführt:

Bindung	$-\hat{D}_T$ nach (96)	$-\hat{D}_T$ (gemessen)
H$_3$C−CH$_3$	83	83
H$_3$C−COH	76	75
H$_3$C−C$_6$H$_5$	90	89
H$_3$C−H	103	101
BrH$_2$C−H	98	99
C$_6$H$_5$CH−C$_2$H$_5$	60	62

Tab. 7

V. Eine Systematik der chemischen Bindung

1. Die Molekülorbitale (MO)

Nachdem wir die chemische Bindung ganz allgemein beschrieben und auf das Verhalten der Atomkerne und besonders der Elektronen zurückgeführt haben, wollen wir versuchen, ganz entsprechend unserer ϱ-Darstellung bei Atomen auch hier eine Systematik einzuführen, die uns zu weiteren Aspekten führen wird.

Dazu betrachten wir wieder ein Einelektronsystem (von dem wir bei Atomen von wasserstoffähnlichen Systemen ausgegangen sind), allerdings bezüglich zweier Atomkerne, deren Ladungen Z_A und Z_B sind. Ohne auch hier auf Einzelheiten der Elektronenverteilung einzugehen, wollen wir wieder, wie in Abb. 8, die Lage der Knotenflächen einiger ϱ angeben.

Die Abbildung 21 stellt die Verhältnisse sehr vereinfacht dar. Die Werte der beiden Kernladungen verändern die Lage der Knotenflächen, doch bleiben im Prinzip die Proportionen und die Anzahl der Knotenflächen erhalten.

Bei Abbildung 21a ist ϱ rotations-(zylinder-)symmetrisch um die z-Achse, auf der die beiden Atomkerne liegen; das gilt auch unter Berücksichtigung der Knotenfläche für die anderen Elektronendichten in Abbildung 21. Man bezeichnet daher solche ϱ-Verteilungen mit dem Symbol σ. Besitzt dagegen ϱ eine Knotenfläche in der zx- oder zy-Ebene, so sprechen wir von einer π-Verteilung (Abb. 22).

Solche Einelektronendichten, die sich über das ganze Gebiet um die beiden Atomkerne herum verteilen, nennen wir die Dichten von Molekülorbitalen (Molecular Orbital, MO). Zu ihnen gehören dann wieder, wie im Falle des Einelektronenatoms, bestimmte Energien ε_k, die man ebenfalls der Größe nach ordnen kann. Ohne vorerst auf die einzelnen Bezeichnungen der Zustände in Abb. 21 und 22 einzugehen, erhält man folgende Sequenz der ε_k:

$$\varepsilon_{1\sigma} < \varepsilon_{2\sigma} < \varepsilon_{3\sigma} < \varepsilon_{4\sigma} < \varepsilon_{5\sigma} <$$
$$< \varepsilon_{1\pi} < \varepsilon_{1\pi'} < {}_{2\pi} < \varepsilon_{2\pi'} < \varepsilon_{6\sigma} <, \tag{97}$$

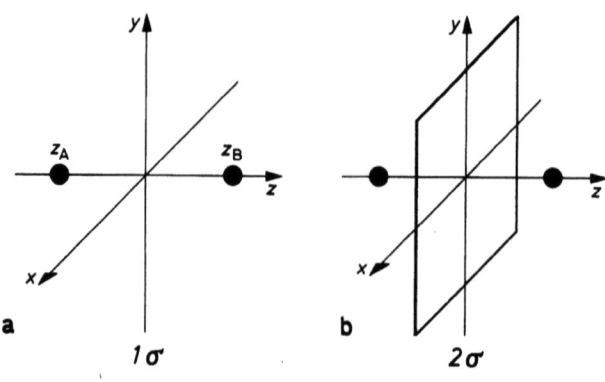

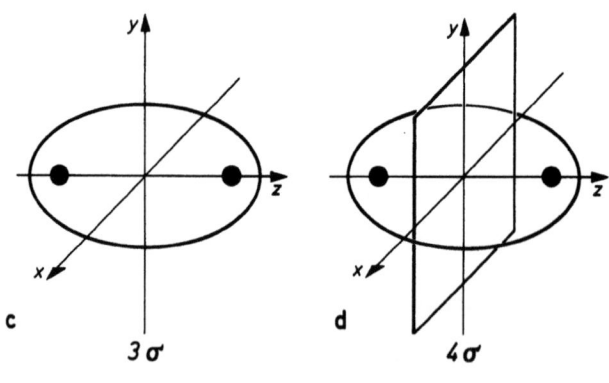

Abb. 21

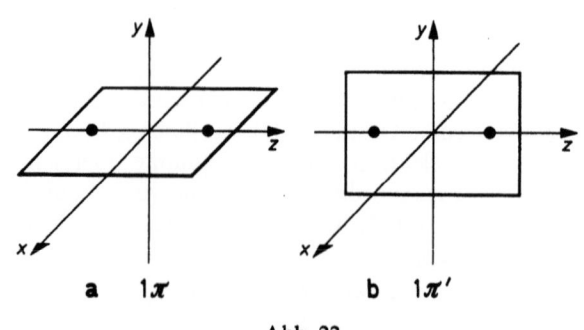

Abb. 22

die allerdings nur als ein Anhaltspunkt dienen soll, da sie auch wieder von den Kernladungszahlen abhängt. Bei den Zuständen $\varepsilon_{2\pi}$ und $\varepsilon_{2\pi'}$ handelt es sich um Dichteverteilungen, die aus denen der Abb. 22 hervorgehen, wenn noch eine Knotenebene durch die Verbindungsachse der beiden Atomkerne verläuft; das entspricht formal den Übergängen von 1σ nach 2σ und von 3σ nach 4σ, aber auch von 5σ nach 6σ, wobei der Zustand $\varepsilon_{5\sigma}$ wieder durch eine Knotenfläche im Bereich um die beiden Zentren charakterisiert ist, die allerdings mit derjenigen von Abb. 21c nicht übereinstimmt. Damit ist der Ausgangspunkt für den Übergang zum zweizentrigen Mehrelektronensystem geschaffen worden. Wir brauchen jetzt nur noch alle Überlegungen beim Mehrelektronenatom zu übertragen; dabei ist zu bedenken, daß jetzt die Gesamtdichte $\hat{\varrho}$ nach den Dichten der Molekülorbitale entwickelt wird

$$\hat{\varrho} = 2\varrho_{1\sigma} + 2\varrho_{2\sigma} + \ldots \tag{98}$$

wie es dem Aufbauprinzip entspricht. Auch der Begriff der Elektronenkonfiguration ist zu übernehmen und die Wirkungen des Pauli-Prinzips sind ebenso zu betrachten. $\hat{\varrho}$ selbst wurde in Abbildung 19 anschaulich dargestellt. Die Entwicklung in (98) freilich erlaubt jetzt, eine Analyse von $\hat{\varrho}$ vorzunehmen. Betrachten wir nämlich noch einmal die einzelnen MO, deren Dichten wir in den Abbildungen 21 und 22 schematisch aufzeichneten, so sehen wir, daß einige von ihnen dadurch charakterisiert sind, daß sich zwischen den Atomkernen — also in der Bindungsregion — eine Knotenfläche befindet, so daß erwartet werden kann, daß bei diesen Molekülorbitalen keine Erhöhung der Elektronenaufenthaltswahrscheinlichkeit in diesem Bereich auftritt und daher solche ϱ_k-Dichten keinen Beitrag zu $\hat{\varrho}$ liefern, der einer Anziehung der beiden Atomkerne entspricht. Solche MO nennen wir antibindende Orbitale, während solche ohne Knotenfläche im Bindungsbereich bindende Orbitale genannt werden. Diese Charakterisierung ist ebenfalls nur als Näherung erfüllt und man kann sagen, daß die antibindende Wirkung um so stärker zu erwarten ist, je mehr die Knotenfläche die Verbindungsachse der beiden Atomkerne im mittleren Bereich schneidet. Auch hier können die Aussagen durch die Kernladungszahl modifiziert werden, wobei die hier aufgestellte Regel um so besser erfüllt ist, je weniger sich die beiden Kernladungszahlen voneinander unterscheiden.

Es ist üblich, die *antibindenden Orbitale* in ihrer Bezeichnungsweise mit einem Stern zu versehen; als Beispiele seien $2\sigma^*$, $4\sigma^*$, $2\pi^*$ und $6\sigma^*$ genannt.

Für den Grundzustand des H_2-Moleküls hätten wir dann als Elektronenkonfiguration zu schreiben $(1\sigma)^2$ und die Gesamtdichte ergibt sich zu $\hat{\varrho} \cong 2\varrho_{1\sigma}$.

Die Konfiguration des He_2^+ zum Beispiel wäre dann $(1\sigma)^2(2\sigma^*)$, wenn wir das Aufbauprinzip nach (97) beachten. Hier liegt also eine antibindende Dichte $\varrho_{2\sigma*}$ in $\hat\varrho = 2\varrho_{1\sigma} + \varrho_{2\sigma*}$ vor und wir können erwarten, daß ein Molekül um so stabiler sein wird, je mehr die bindenden ϱ gegenüber den antibindenden ϱ^* in $\hat\varrho$ überwiegen. In der Regel ist die Wirkung der antibindenden MOs etwas stärker als die entsprechenden bindenden, so daß in He + He mit $(1\sigma)^2(2\sigma^*)^2$ eine Abstoßung resultiert. Die folgende Tabelle 8 gibt einige Beispiele für die Anwendung des Aufbauprinzips bei gleichatomigen Molekülen an:

System	1σ	$2\sigma^*$	3σ	$4\sigma^*$	5σ	1π	$1\pi'$	$2\pi'$	$2\pi^*$	$6\sigma^*$	Anz. d. Elektr. in ϱ bindend	Anz. d. Elektr. in ϱ antibind.	P_{MO}
H_2^+	1										1		$\frac{1}{2}$
H_2	2										2		1
He_2^+	2	1									2	1	$\frac{1}{2}$
He + He	2	2									2	2	0
Li_2	2	2	2								2	0	1
Be_2	2	2	2	2							2	2	0
B_2	2	2	2	2		1	1				4	2	1
C_2	2	2	2	2		1	2	1			6	2	2
N_2^+	2	2	2	2		1	2	2			7	2	$2\frac{1}{2}$
N_2	2	2	2	2		2	2	2			8	2	3
O_2^+	2	2	2	2		2	2	2	1		8	3	$2\frac{1}{2}$
O_2	2	2	2	2		2	2	2	1	1	8	4	2
F_2^+	2	2	2	2		2	2	2	2	1	8	5	$1\frac{1}{2}$
F_2	2	2	2	2		2	2	2	2	2	8	6	1
Ne + Ne	2	2	2	2	2	2	2	2	2	2	8	8	0

Tabelle 8

Bezeichnet man die Anzahl der bindenden (antibindenden) ϱ in $\hat\varrho$ mit $n_b(n_n)$, so sollte

$$P_{MO} = \frac{1}{2}(n_b - n_n) \qquad (99)$$

ein Maß dafür sein, wie stark eine Bindung im Molekül bezüglich eines Elektronenpaars ist. Wir sehen aus Tabelle 8, daß diese sogenannte *Bindungsordnung* P_{MO} der MO-Approximation im großen und ganzen mit dem Valenzstrichschema der Chemie konform ist. Weitere Vergleiche zeigen sogar, daß P_{MO} ungefähr den Dissoziationsenergien proportional ist, wenn wir den Vergleich innerhalb einer Periode vornehmen.

Daß dies alles eine approximative Regel ist, zeigt sich besonders bei Be_2, C_2 und N_2^+, wo wir nach (97) einen anderen Aufbau (Konfiguration) erwartet hätten. Nähere Untersuchungen von $\hat{\varrho}$ zeigen aber, daß aller Wahrscheinlichkeit nach die Besetzung nach Tabelle 8 vorgenommen wird. Wir haben hier einen sehr ähnlichen Fall, wie er beim Aufbau des Periodensystems mehrfach auftritt, in dem bestimmte Einelektronendichten ϱ_{nlm} in $\hat{\varrho}$ früher auftreten als nach der einfachen Regel, die die Elektronenwechselwirkungen nur näherungsweise berücksichtigt, zu erwarten wäre. Hier beim zweiatomigen System kommt noch hinzu, daß diese Wechselwirkungen auch noch vom Kernabstand abhängen, so daß bei gewissen Kernabständen eine andere Sequenz als (97) vorliegen kann.

Bei der Konfiguration von B_2 und O_2 wurde noch die Hund'sche Regel beachtet, die die oben angestellten Überlegungen zur spinabgesättigten Zweielektronenbindung modifiziert.

2. Lokalisierte Orbitale und Valenzstrichschema

Wir hatten bisher immer betont, daß der Entwicklung von $\hat{\varrho}$ — der Gesamtdichte der Elektronen — nach den ϱ_k in (59) oder (98) keine physikalische oder chemische Relevanz zukommt, sondern allein eine Frage der Analyse und der Interpretation ist. Die ϱ_k sind, anders ausgedrückt, keine Meßgrößen, sondern vom jeweiligen mathematischen Standpunkt her wählbar.

Auf diese Tatsache wollen wir nun näher eingehen und bei dieser Gelegenheit zu einer anderen Interpretationsmöglichkeit gelangen.

Schreiben wir noch einmal ganz allgemein auf

$$\hat{\varrho} = 2 \sum_{j=1}^{n/2} \varrho_j(x,y,z), \qquad (100)$$

wobei wir uns, ohne die Allgemeinheit der Aussagen damit zu verlieren, auf ein ganzzahliges Elektronensystem beschränken wollen.

Man kann nun eine Neuverteilung innerhalb der ϱ_j in (100) so vornehmen, daß man zu anderen ϱ'_j gelangt, ohne daß sich die Meßgröße $\hat{\varrho}$ dabei ändert und die neuen ϱ'_j wieder auf eins normiert sind (vgl. (24), (28)).

$$\hat{\varrho} = 2\sum_{j=1}^{n/2} \varrho'_j \tag{101}$$

$$\sum_{\mathfrak{R}} \varrho'_j \Delta\tau = 1. \tag{101a}$$

Mit anderen Worten: wir „entnehmen" einen Teil von ϱ_j $\left(j=1\ldots\ldots\frac{n}{2}\right)$ und „verteilen" ihn auf die anderen ϱ_k ($k \neq j$) derart, daß die so entstehenden ϱ'_j wieder die Gleichung (101a) erfüllen.

Nehmen wir einmal an, daß ϱ'_j nach

$$\varrho'_j = \varrho_j + \bar{\varrho}_j \left(j=1,2,\ldots\frac{h}{2}\right) \tag{102}$$

aus den ursprünglichen ϱ_j hervorgeht, so müssen wir wegen der Erhaltung von $\hat{\varrho}$ verlangen, daß alle Änderungen $\bar{\varrho}_j$ zusammen Null ergeben

$$2\sum_{j=1}^{n/2} \bar{\varrho}_j \equiv 0. \tag{103}$$

Dies läßt sich nur erfüllen, wenn wir im Gegensatz zu ϱ_j und ϱ'_j, die immer positiv sind, für $\bar{\varrho}_j$ auch negative Werte zulassen.

$$\bar{\varrho}_j \gtreqless 0. \tag{104}$$

Die Forderung, daß dagegen auch ϱ'_j (wie ϱ_j) immer positiv sein soll, ermöglicht die Annahme, daß sich auch ϱ'_j (wie ϱ_j) als Quadrat eines Molekülorbitals (vgl. (45)) ergibt, welches freilich von dem, das zu ϱ_j führte, verschieden ist:

$$\varrho'_j = |\Phi'_j|^2 \tag{105a}$$

$$\varrho_j = |\Phi_j|^2. \tag{105b}$$

Betrachten wir jetzt noch die beiden Gleichungen (101a) und (102), so sehen wir, daß (101a) nur dann erfüllt sein kann, wenn die Normierung der Änderung $\bar{\varrho}_j$ in (102) Null beträgt, also gilt

$$\sum_{\Re} \bar{\varrho}_j \Delta \tau \equiv 0, \qquad (106)$$

so daß neben ϱ_j auch ϱ'_j auf Eins normiert ist. Wegen (104) kann die Forderung (106) leicht erfüllt werden, wenn sich positive und negative Werte in (106) aufheben.

Untersucht man dieses hier nur skizzierte Vorgehen genauer, was wir nicht tun wollen, so erfährt man, daß es unendlich viele $\bar{\varrho}_j$ gibt, die alle die obigen Forderungen (103), (104) und (106) erfüllen.

Diese Überlegungen beweisen noch einmal die Rolle der ϱ_j oder ϱ'_j bei der Interpretation und Analyse von $\hat{\varrho}$. Aus der Vielzahl der ϱ'_j wollen wir nur diejenigen betrachten, die sich gegenseitig am wenigsten durchdringen oder überlappen. Diese ϱ'_j sind daher als besonders lokalisiert zu betrachten, und wir nennen die dazugehörigen Orbitale auch *lokalisierte Molekülorbitale*. Sie unterscheiden sich in der Regel beträchtlich von den ϱ_j, die sich in ihren wesentlichen Charakteristika aus den Einelektronensystemen ergeben haben und für die sich ein Aufbauprinzip formulieren ließ, wenn zu Mehrelektronensystemen übergegangen wurde. Für die lokalisierten Dichten ϱ'_j dagegen läßt sich kein Aufbauprinzip finden und die dazugehörigen Energien ε'_j zeigen daher keinen Zusammenhang zu bestimmten spektroskopischen Erfahrungen, aber sie besitzen, wie wir gleich sehen werden, gegenüber den ϱ'_j eine größere Anschaulichkeit der Darstellung und sind somit mit anderen chemischen Erfahrungen in Verbindung zu bringen. Auch der Begriff der Konfiguration verliert bei ihnen ihren Sinn.

Wir wollen an einigen Beispielen die lokalisierten Dichten näher betrachten. Beim CH_4 erhält man die sehr schematische Anordnung der ϱ'_j ($j = 1,2,3,4,5$) entspr. Abb. 23,

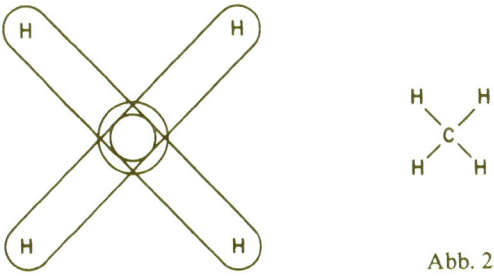

Abb. 23

wenn — ganz vereinfacht — die Gebiete größerer ϱ'_j-Dichte durch geschlossene Kurvenzüge angedeutet werden, die im Falle des Methan tetraedisch vom C-Atom ausgehen. In jedem dieser Gebiete hält sich bevorzugt ein Elektronenpaar mit antiparallelem Spin auf und wir sehen, daß diese Darstellung von $\hat{\varrho}$ in engem Zusammenhang zur Valenzstrichdarstellung von CH_4 steht, indem jedem Valenzstrich ein solches Elektronenpaar zugeordnet werden kann. Das Elektronenpaar um den Kohlenstoffatomkern herum beteiligt sich dagegen offenbar wenig an der Bindung; es handelt sich dabei um eine ϱ_{1s}-Dichte.

Eindrucksvoller sind die *lokalisierten Dichten im Äthylen* nach Abb. 24, wo die beiden ϱ'_1 und ϱ'_2 senkrecht auf der Molekülebene stehen und die Doppelbindung darstellen („Bananenbindungen").

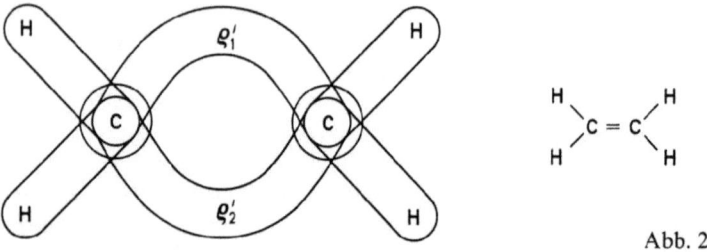

Abb. 24

Hätten wir die Doppelbindung im Rahmen der ϱ_j betrachtet, so hätten wir eine σ- und eine π-Dichte erhalten ($\sigma\pi$-Bindung). Beim Übergang zu lokalisierten Orbitalen treten zwei gleichberechtigte Bereiche größerer Elektronenpaardichte ϱ'_j auf. In beiden Fällen liegt die gleiche Gesamtelektronendichte $\hat{\varrho}$ vor und wir erkennen daraus wiederum, daß den einzelnen ϱ_j bzw. ϱ'_j keine physikalisch-chemische Relevanz zukommt, sondern daß sie verschiedene Beschreibungsformen darstellen, die, zusammengenommen, alle Aspekte der chemischen Bindung umfassen, wobei $\hat{\varrho}$ die invariante Meßgröße darstellt.

Beim Formaldehyd H_2CO liefert der Übergang zur lokalisierten Dichte Bild 25.

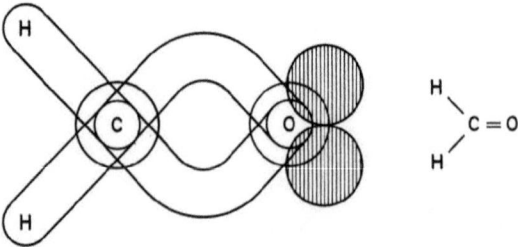

Abb. 25

wobei ϱ'_1 und ϱ'_2 wieder senkrecht zur Molekülebene liegen. Die schraffierten Bereiche gehören zu Elektronenpaaren, die zu keinem Bindungspartner hinweisen; man nennt sie daher oft „einsame Elektronenpaare". Sie werden im Valenzstrichschema, wie in Abb. 26 angegeben, berücksichtigt. Etwas Ähnliches will auch die Darstellung

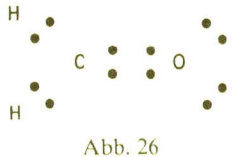

Abb. 26

sagen, die wir hier mehr aus historischen Gründen erwähnen wollen.

Wir sehen daraus, daß erst die Betrachtungen mit Hilfe der Elektronenaufenthaltswahrscheinlichkeit einen tieferen und allgemeineren Einblick in die Bindungsverhältnisse gewährleisten.

Beim N_2-Molekül schließlich erhalten wir folgendes schematische Bild:

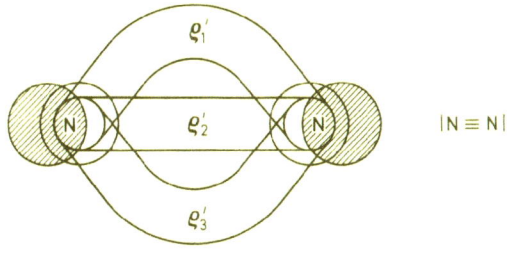

Abb. 27

Die drei lokalisierten Dichten ϱ'_1, ϱ'_2 und ϱ'_3 schließen miteinander einen Winkel von 120° ein. Im Rahmen der ϱ_j-Darstellung hätten wir eine $\sigma\pi\pi$-Bindung erhalten.

Bei den aromatischen und ungesättigten Bindungen sowie etwa bei den Bor-Wasserstoffen zeigt sich dagegen, daß nicht alle ϱ'_j auf ein oder zwei Zentren bezogen lokalisiert werden können. Es bleiben immer einige ϱ'_j übrig, deren wesentlicher Wertebereich sich über mehrere Zentren hinweg erstreckt. Wir sprechen dann von Mehrzentrenbindungen (wie etwa beim Diboran B_2H_6) oder von mesomeren Systemen, für die sich dann immer mehrere Valenzstrichschemata angeben lassen.

Beim Benzol C_6H_6 ergeben sich drei ϱ'_j, die sich über alle C-Atome des Ringes erstrecken. Die übrigen 18 ϱ'_j sind lokalisiert und stellen die

C−C- und C−H-Bindungen sowie die 1s-Dichten an den C-Atomen dar, die wir in Abb. 28 nicht hineingezeichnet haben.

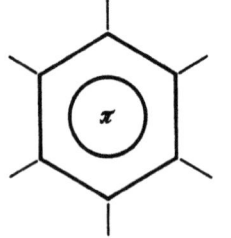

Abb. 28

Der Kreis im C-Ring steht dann für die drei nicht lokalisierten Elektronenpaare, die das sogenannte π-*System* darstellen, worauf wir gleich noch näher zu sprechen kommen werden.

Die Nichtlokalisierbarkeit führt dazu, daß die Anzahl der Elektronen, die sich im Mittel zwischen zwei sich bindenden Atomen befindet, nicht mehr ganzzahlig zu sein braucht, was letztlich auch darin wieder seinen Ausdruck findet, daß kein eindeutiges Valenzstrichschema aufgezeichnet werden kann.

Im Rahmen der MO-Theorie wird oft versucht, auf irgendeine Weise die Anzahl der Elektronen, die sich im Bereich der nichtlokalisierbaren Dichten aufhalten, auf die Bindungsbereiche zwischen den Atomen oder auf die Atome aufzuteilen. Dies führt dann zu den sogenannten Bindungsordnungen $P_{\lambda\mu}$ oder effektiven Atomladungen δ_λ, wie etwa beim Naphtalin ($P_{\lambda\mu}$)

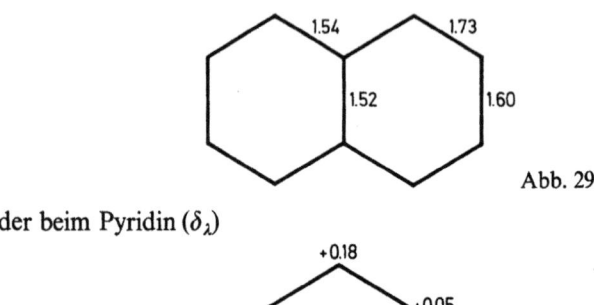

oder beim Pyridin (δ_λ)

Abb. 30

Wir wollen aber zugleich wieder betonen, daß eine solche „Zerlegung" der nicht lokalisierbaren Dichten nicht eindeutig durchgeführt werden kann, sondern Plausibilitätsbetrachtungen jeweils die einzelnen Vorgehen „begründen". Aus den so erhaltenen Analysen der Ladungsverteilung der Elektronen (Populationsanalyse) lassen sich dann Schlüsse auf das chemische Verhalten der Verbindungen ziehen, zumal die zur Zeit bekannten Populationsanalysen zu sehr ähnlichen Ergebnissen führen.

Die numerische Erfassung der Elektronenverteilungen entweder in der ursprünglichen Form der Wellenfunktion ψ oder in der daraus abzuleitenden Elektronendichte $\hat{\varrho}$, die dann im einzelnen noch analysiert werden kann, stellt einen sehr großen Fortschritt gegenüber den verwendeten Valenzstrichschemata dar. Beim Pyridin z. B. lassen sich einmal die fünf Valenzstrukturen

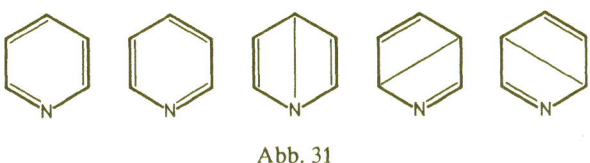

Abb. 31

aufschreiben, aber auch noch weitere „Ionenstrukturen",

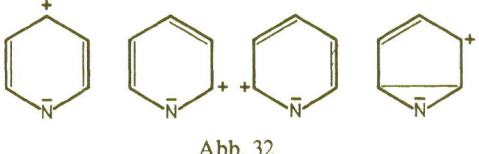

Abb. 32

in denen der Stickstoff negativ geladen angenommen wird. Da N elektronegativer als C ist, können Strukturen mit positivem N vernachlässigt werden. Obwohl diese Strukturen auf das Ergebnis der Abb. 26 hinweisen, läßt sich doch erst im Rahmen der Aufenthaltswahrscheinlichkeitsbetrachtung, wie sie die Wellenmechanik der Elektronen- und Atomkernsysteme ermöglicht, ein tieferer Einblick in die Bindungsverhältnisse der Molekülbindungen gewinnen.

3. Die Näherung der Linearkombination von Atomorbitalen

Die Dichten der Atomorbitale waren oben (Gleichung (49)) in der Form ϱ_{nlm} angegeben worden, wobei n,l,m die einzelnen Quantenzahlen darstellen, nach denen die verschiedenen Dichten unterschieden werden. Die Atomorbitale (Atomwellenfunktionen) selbst hängen nach (45) mit ϱ_{nlm} nach der Gleichung

$$\varrho_{nlm} = |\Phi_{nlm}|^2 \qquad (107)$$

zusammen. Das gleiche gilt auch für die Dichten ϱ_k der Molekülorbitale Φ_k.

Die Φ stellen die mathematische Formulierung der Materiewellen dar, wobei hier wegen der Nichtunterscheidbarkeit der Elektronen, irgendein Elektron beschrieben wird. Es liegt nahe, ein Molekülorbital nach den Atomorbitalen der beteiligten Atome zu entwickeln und wir setzen daher allgemein an

$$\Phi_k = \sum_{n,l,m} C_{nlm}^{(k)} \Phi_{nlm} \qquad (108)$$

wobei der Index k die einzelnen Mo's unterscheidet. Auf diese Weise sind die „stehenden Materiewellen" der Molekülorbitale durch die der Atome näherungsweise dargestellt und die Erfahrung hat gezeigt, daß schon eine sehr beschränkte Anzahl von Φ_{nlm} ausreicht, um die Molekülorbitale in für viele Fälle befriedigender Weise anzunähern, wenn die ursprünglich freien Koeffizienten C_{nlm} entsprechend berechnet werden.

Die Darstellung in (108) wird die Linearkombination von Atomorbitalen (Linear Combination of Atomic Orbitals — LCAO-Darstellung) genannt und stellt einen entscheidenden Ausgangspunkt zur allgemeineren Molekülberechnung in der Theoretischen Chemie dar. Auf die Bestimmung der Linearkoeffizienten C_{nlm}, die auf verschiedenen Wegen möglich ist, wollen wir im Rahmen dieses Buches nicht eingehen. Nur soviel sei gesagt, daß es dem Theoretiker möglich ist, aus der Kenntnis der C_{nlm}-Werte Aussagen über die Elektronenverteilungen in jedem Molekül zu machen, die wiederum der Ausgangspunkt sind für Informationen, die das chemische und physikalische Verhalten der jeweiligen Verbindung betreffen.

Um ein einfaches Beispiel zu finden, betrachten wir ein zweiatomiges Molekül, dessen beide Atome gleich sind: X_2. In diesem Falle sind die LCAO-Darstellungen besonders übersichtlich, wenn nicht auf große Genauigkeit der Φ_k-Näherung Wert gelegt wird. Wir erhalten (die beiden

Atome werden zur räumlichen Unterscheidung mit A und B bezeichnet und liegen auf der z-Achse im Abstand R):

$$
\begin{aligned}
1s\sigma: \quad & \Phi_{1\sigma} \approx N_{1\sigma} (\Phi_{1s_A} + \Phi_{1s_B}) \\
1s\sigma^*: \quad & \Phi_{2\sigma} \approx N_{2\sigma^*} (\Phi_{1s_A} - \Phi_{1s_B}) \\
2s\sigma: \quad & \Phi_{3\sigma} \approx N_{3\sigma} (\Phi_{2s_A} + \Phi_{2s_B}) \\
2s\sigma^*: \quad & \Phi_{4\sigma} \approx N_{4\sigma} (\Phi_{2s_A} - \Phi_{2s_B}) \\
2p\sigma: \quad & \Phi_{5\sigma} \approx N_{5\sigma} (\Phi_{2p\sigma_A} + \Phi_{2p\sigma_B}) \\
2p\pi_x: \quad & \Phi_{1\pi} \approx N_{1\pi} (\Phi_{2p\pi_{xA}} + \Phi_{2p\pi_{xB}}) \\
2p\pi_y: \quad & \Phi_{1\pi'} \approx N_{1\pi'} (\Phi_{2p\pi_{yA}} + \Phi_{2p\pi_{yB}}) \\
2p\pi_x^*: \quad & \Phi_{2\pi^*} \approx N_{2\pi^*} (\Phi_{2p\pi_{xA}} - \Phi_{2p\pi_{xB}}) \\
2p\pi_y^*: \quad & \Phi_{2\pi'} \approx N_{2\pi'^*} (\Phi_{2p\pi_{yA}^*} - \Phi_{2p\pi_y}) \\
2p\sigma^*: \quad & \Phi_{6\sigma^*} \approx N_{6\sigma^*} (\Phi_{2p\sigma_A} - \Phi_{2p\sigma_B}).
\end{aligned}
\qquad (109)
$$

Mit diesen Darstellungen werden die Abbildungen 17 und 18 noch weiter verständlich, denn man erkennt nun im einzelnen das Entstehen der Knotenflächen und -ebenen. Gleichzeitig wird man auf eine erweiterte Bezeichnungsweise der einzelnen Molekülorbitale geführt, die wir in (109) auf der linken Seite angegeben haben. Die energetische Sequenz in (97) läßt sich damit wie folgt angeben:

$$
\begin{aligned}
\varepsilon_{1s\sigma} < \varepsilon_{1s\sigma^*} < \varepsilon_{2s\sigma} < \varepsilon_{2s\sigma^*} < \varepsilon_{2p\sigma} < \\
< \varepsilon_{2p\pi_x} = \varepsilon_{2p\pi_y} < \varepsilon_{2p\pi_x^*} = \varepsilon_{2p\pi_y^*} < \varepsilon_{2p\sigma^*} < \ldots
\end{aligned}
\qquad (110)
$$

und auch die Tabelle 8 könnte nun mit diesen Abkürzungen versehen werden.

Die hier jeweils auftretenden beiden Koeffizienten C_{nlm} sind bis auf das gelegentlich verschiedene Vorzeichen im Wert gleich, wobei die N_{nlm} noch so gewählt sein können, daß jede Dichte ϱ_{nlm} der Molekülorbitale auf eins normiert ist. Die Gleichheit der C_{nlm} ergibt sich aus der Gleichheit der beiden Atome, ist also eine Eigenschaft, die aus der Symmetrie des Systems folgt. Genauere Rechnungen, die möglichst viele

C_{nlm} in (108) berücksichtigen, um die so erhaltenen Dichten möglichst gut an diejenigen von (100) anzugleichen, zeigen, daß in (109) zwar die wesentlichsten Beiträge aufgeschrieben worden sind, daß aber noch andere Φ_{nlm} mit kleineren Koeffizienten C_{nlm} in jedem Molekülorbital nach (109) auftreten. So ergibt sich etwa als Beispiel für $\Phi_{1s\sigma}$ die Darstellung

$$\Phi_{1s\sigma} = N_{1s\sigma}\{(\Phi_{1s\sigma_A}+\Phi_{1s\sigma_B})+a(\Phi_{2s\sigma_A}+\Phi_{2s\sigma_B})+ \\ +b(\Phi_{2p\sigma_A}+\Phi_{2p\sigma_B})+\ldots\}, \qquad (111)$$

wobei a und b klein gegenüber eins sind. $N_{1s\sigma}$ ist (mit a und b) so bestimmt, daß die Dichte von $\Phi_{1s\sigma}$ wieder auf eins normiert ist.

Die Bezeichnungsweise auf der linken Seite von (109) bezog sich auf die verwendeten Atomorbitale. Eine andere Bezeichnungsweise geht von den Atomorbitalen aus, die sich ergeben, wenn der Kernabstand formal gegen Null geht. Im Falle $\Phi_{1s\sigma}$ erhält man für $R\to 0$ wiederum eine 1s-Dichte im Punkt des „vereinigten Atoms". Für $\Phi_{1s\sigma^*}$ allerdings resultiert eine $2p_\sigma$-Dichte. $\Phi_{2s\sigma}$ geht wieder in $\Phi_{2s\sigma}$ des vereinigten Atoms über, aber für $\Phi_{2s\sigma^*}$ erhält man eine $\Phi_{3p\sigma}$-Funktion. Auf diese Weise kann man eine weitere Bezeichnungsweise für die Molekülorbitale gewinnen. Bei den Übergängen für $R\to 0$ ist zu beachten, daß auch die „Normierungskonstanten" N_k vom Kernabstand abhängen.

Interessant ist noch folgende Überlegung: Betrachten wir die Konfiguration $(1s\sigma)^2(1s\sigma^*)^2$ von einem Vierelektronensystem (etwa He+He), so ergibt sich die Gesamtdichte nach (98) zu

$$\hat{\varrho} = 2N_{1s\sigma}(\Phi_{1s\sigma_A}+\Phi_{1s\sigma_B})+2N_{1s\sigma^*}(\Phi_{1s\sigma_A}-\Phi_{1s\sigma_B})^2. \qquad (112)$$

Berücksichtigt man jetzt die explizite Form von $N_{1s\sigma}$ und $N_{1s\sigma^*}$, was wir hier nicht näher ausführen wollen, so erhält man aus (112) die Beziehung

$$\hat{\varrho} \approx 2(\Phi_{1s\sigma_A}^2+\Phi_{1s\sigma_B}^2) = 2\varrho_A+2\varrho_B \\ = \hat{\varrho}_A + \hat{\varrho}_B, \qquad (113)$$

aus der hervorgeht, daß wegen (95) keine Bindung zwischen diesen beiden Zweielektronensystemen besteht, da beide Atome mit ihren „ungestörten" Dichten additiv zur Gesamtdichte beitragen.

Sind die beiden Atome nicht mehr gleich, so gilt auch in der Regel nicht mehr die Gleichheit der Koeffizienten, wie in (109) angegeben.

Im HCl z. B. liegt in guter Näherung ein fast ungestörter „Cl$^+$-Rumpf" vor, mit der Konfiguration

$$(1s)^2(2s)^2(2p)^6(3p_x)^2(3p_y)^2,$$

was soviel bedeutet, daß alle diese Atomorbitale des Cl$^+$ nicht mit der 1s-Funktion des H-Atoms „kombinieren". Erst das $3p_z$-Orbital des Chlor-Atoms tritt als wesentliche Linearkombination mit dem 1s-Orbital des Wasserstoffatoms auf,

$$\text{H}-\text{Cl}: \quad C_\text{H}\Phi_{1s\sigma\text{H}} + C_\text{Cl}\Phi_{3p_z\text{Cl}} \tag{114}$$

und stellt somit das bindende Molekülorbital dieser Verbindung dar. Das Verhältnis der beiden Linearkoeffizienten bestimmt dann den Schwerpunkt der Aufenthaltswahrscheinlichkeit des Elektronenpaars und damit auch, wenn man so will, den „Ionencharakter" der Bindung.

Die bisherigen Überlegungen können leicht auf mehratomige Systeme erweitert werden. In der Praxis werden alle Φ_k entsprechend der Gleichung (108) nach einer fixierten „Basis" von Atomorbitalen Φ_{nlm} „entwickelt", wobei jedes Atom des Moleküls eine bestimmte Anzahl von Atomorbitalen beisteuert.

Für jedes Φ_k ergeben sich dann ganz bestimmte $C_{nlm}^{(k)}$, wobei auch einige Null sein können, wenn das entsprechende Atomorbital am Aufbau des Molekülorbitals nach (108) nicht beteiligt ist.

Beim Benzol z. B. ergeben sich u. a. drei Molekülorbitale, die sich ausschließlich aus den sechs $2p_z\pi$-Atomorbitalen der Kohlenstoffatome zusammensetzen, wenn das Molekül in der xy-Ebene liegt. Es handelt sich dabei gerade um jene erwähnten drei Molekülorbitale, die sich nicht auf zweizentrige Bereiche lokalisieren lassen. Ähnliches gilt für Pyridin (Abb. 30), wobei sich allerdings die $2p_z\pi$-Funktion des Stickstoffs in ihrem numerischen Verhalten etwas von denen der C-Atome unterscheidet. Dies ist auch der Grund dafür, daß im Pyridin nicht so viele C_{nlm}-Werte (wie im Benzol) allein aus symmetrischen Gründen festgelegt sind, so daß sich Verschiebungen der Elektronendichten ergeben können, wie etwa im Beispiel (114), die dann zur Ladungsanalyse in Abb. 30 führen.

VI. Wie werden Elektronenverteilungen (Materiewellen) berechnet?

Eine ausführliche, befriedigende Bearbeitung dieser Frage ist nur unter Anwendung eines umfangreichen mathematischen Apparates möglich. Wir wollen daher hier nur die allerwesentlichsten Züge des Vorgehens darlegen.

Da die Gesamtelektronendichte ϱ erst aus der Wellenfunktion $\psi(x_1 y_1 \ldots \sigma \ldots t)$ berechnet werden kann, ist die Wellenfunktion allgemein als primäre Größe zu betrachten, von deren Berechnung alle weiteren Informationen über ein System von Elektronen und Atomkernen abhängen.

Bei der Bestimmung von ψ müssen wir sinnvollerweise voraussetzen, daß uns das zu untersuchende System bekannt ist, dessen Wellenfunktion (und Dichte) berechnet werden sollen.

Ein System aus Elektronen und Atomkernen ist einmal durch die Anzahl der Teilchen gegeben, zum anderen durch die Menge der vorliegenden Kernladungszahlen.

Setzen wir stationäre Zustände ψ_k voraus und beachten die Born-Oppenheimer-Näherung, so müssen wir auch noch die Lage der Atomkerne im Raum kennen, für die wir die Energie ausrechnen wollen.

Alle diese Ausgangsinformationen wollen wir formal unter dem Symbol $\mathscr{H}$ zusammenfassen.

$$\mathscr{H} \equiv \mathscr{H}(\text{Information über das zu behandelnde System}). \qquad (115)$$

In der Wellenmechanik besteht das weitere Vorgehen nun darin, daß dieser Zusammenfassung $\mathscr{H}$ eine sogenannte Rechenvorschrift $\underline{\mathscr{H}}$ zugeordnet wird

$$\mathscr{H} \leftrightarrow \underline{\mathscr{H}}, \qquad (116)$$

wobei wir die Berechnung von ε_k und ψ_k als Ziel annehmen.

Diese Rechenvorschrift, auf die wir ebenfalls nicht in Einzelheiten eingehen wollen, ist nur sinnvoll, wenn gleichzeitig eine Funktion F

angegeben wird, auf die diese Rechenprozeduren von $\underline{\mathcal{H}}$ angewendet werden sollen. Wir schreiben daher

$$\underline{\mathcal{H}}F = G, \tag{117}$$

wenn wir annehmen, daß nach der Anwendung von $\underline{\mathcal{H}}$ auf F die Funktion G resultiert.

Ein einfaches Beispiel sei etwa die Beziehung

$$VF = G, \tag{118}$$

in der die Rechenvorschrift darin besteht, die rechts stehende Funktion F mit einer vorgegebenen Funktion V zu multiplizieren, das Ergebnis ist dann eine neue Funktion G.

In unserem Falle besteht $\underline{\mathcal{H}}$ aus Multiplikationen, wie in (118) angegeben sowie aus Differentiationen der angegebenen Funktion F.

$$\underline{\mathcal{H}} = \underline{\mathcal{H}} \begin{pmatrix} \text{Multiplikationen} \\ \text{Differentiation} \end{pmatrix}. \tag{119}$$

Unsere gesuchte Wellenfunktion (anstelle von F zu denken) ist nun dadurch ausgezeichnet, daß sie die „Prozedur" $\underline{\mathcal{H}}$ unverändert übersteht, wenn man von einem Zahlenfaktor λ absieht, der dabei auftritt:

$$\underline{\mathcal{H}}\psi = \lambda\psi. \tag{120}$$

Genauere mathematische Untersuchungen der obigen Gleichung zeigen darüber hinaus, daß dieses Unverändertlassen der ψ-Funktionen nach Anwendung von nur bei bestimmten Zahlenwerten $\lambda_k (k = 0,1,2..)$ möglich ist, und es stellt sich heraus, daß auf diese Weise die Beziehung

$$\underline{\mathcal{H}}\psi_k = \varepsilon_k \psi_k \tag{121}$$

erhalten wird. Nur für bestimmte Energiewerte ε_k „existieren" Funktionen — Wellenfunktionen ψ_k —, die die Gleichung (121) erfüllen.

Wir nennen (121) die Wellengleichung (Schrödingergleichung) zum jeweiligen System (erfaßt durch $\underline{\mathcal{H}}$) und wir gehen davon aus, daß ψ_k nicht nur auf eins normiert ist (vgl. (27), (46)), sondern auch dem Pauli-Prinzip (68a) genügt sowie eine Reihe von Symmetrieeigenschaften aufweist, die mit der räumlichen Lage der Atomkerne im wirklich bestehenden System zusammenhängen.

Ist also $\mathcal{H}$ bekannt und $\underline{\mathcal{H}}$ vorgegeben, so gilt es, die Schrödingergleichung (121) zu lösen, zumindest aber Wellenfunktionen $\tilde{\psi}_k$ zu finden, die Näherungen für das exakte ψ_k in (121) sind

$$\psi_k \approx \tilde{\psi}_k, \tag{122}$$

wobei dann auch

$$\varepsilon_k \approx \tilde{\varepsilon}_k \tag{123}$$

erwartet werden kann, wenn der Näherungswellenfunktion $\tilde{\psi}_k$ die Näherung $\tilde{\varepsilon}_k$ für die Gesamtenergie des Systems entspricht.

Nur im Falle von Systemen mit einem Elektron und maximal zwei Atomkernen kennen wir die exakte Wellenfunktion. In allen anderen Fällen sind wir auf Näherungen angewiesen, die aber zur Zeit schon häufig gute Approximationen für ψ_k darstellen. Wenn wir von exakter Lösung der Schrödingergleichung sprechen, so meinen wir, genau genommen, daß es uns möglich ist, die Lösung geschlossen, also ohne Weglassung irgendwelcher Teile davon, aufschreiben zu können. Im anderen Falle gehen wir davon aus, daß eine gewisse unbekannte Abweichung von der exakten Lösung vorhanden ist, deren Größe in der Regel nur im Mittel bekannt ist.

Alle Verfahren der Quantenchemie haben die näherungsweise Lösung der Schrödinger-Gleichung als Ziel, wobei die einzelnen Methoden sich beträchtlich unterscheiden können. Es kommt darauf an, welche weiteren Informationen man über ein System erhalten möchte und mit welcher Genauigkeit diese Informationen gewünscht werden. Schließlich ist auch zu fragen, inwieweit ein allgemeiner Überblick auf diese Weise möglich ist.

Die Elektronendichten, die hier im Buch diskutiert wurden, stellen im wesentlichen qualitative Näherungen dar, damit auf diese Weise ein allgemeiner Überblick in die Bindungsverhältnisse und in die Molekülbildungen möglich ist.

Liste der häufiger verwendeten Symbole

p_x, p_y, p_z	Impulse in x-, y- und z-Richtung
M	Atomkernmasse
Z	Kernladungszahl
$\Delta x\, \Delta y\, \Delta z$	Differenzbeträge bezüglich der kartesischen Koordinaten x, y, z
$\Delta v_x\, \Delta v_y\, \Delta v_z$	Geschwindigkeitsdifferenzen bezüglich der Richtungen x, y und z
$\Delta \tau = \Delta x \Delta y \Delta z$	Volumenelement
σ_j	Spin-Koordinate des j-ten Elektrons (nur zweier Werte σ^+, σ^- fähig)
ΔT	Volumenelement bezüglich der Kernkoordinaten
$\varrho(x,y,z)$	Elektronendichte für 1 Elektron
$R_x\, R_y\, R_z$	Kernkoordinaten bezüglich der x-, y- und z-Achse
$\mathfrak{R} = \{R_x, R_y, R_z\}$	Zusammenfassung jeweils dreier Kernkoordinaten für ein Teilchen
$\hat{\varrho}$	Elektronendichte für n Elektronen
ε	Gesamtenergie eines Systems bei festgehaltenen Kernen (Potentialfläche)
Ψ	Wellenfunktion
$n\, l\, m$	Die 3 Quantenzahlen beim Einelektronenatom
A	Elektronenaffinität
I_λ	Ionisierungsenergie eines Atoms λ
χ	Elektronegativität
R_x	Kovalenter Atomradius des Atoms X
$\bar{\varepsilon}_{kvJ}$	Gesamtenergie eines Systems aus Elektronen und Atomkernen als Funktion der Quantenzahlen k, v und J
ν	Frequenz
D	Dissoziationsenergie
B	Bindungsenergie
$\bar{\varepsilon}^{(0)}$	Nullpunktsenergie
μ_{AB}	Reduzierte Masse der beiden Atome A und B

k_{AB}	Kraftkonstante zwischen den beiden gebundenen Atomen A und B
$\sigma, \pi, \delta, \ldots$	Symmetrieeigenschaft von Molekülorbitalen bezüglich der Verbindungsachse zweier Zentren
ψ_k	k-tes Molekülorbital
$\psi_{n,l,m}$	Atomorbital, unterschieden durch die 3 Quantenzahlen n, l, m
$\mathcal{H}$	Hamilton-Operator

Sachverzeichnis

Äthylen 68
Amplitudenquadrat 27
Atomladungen, effektive 70
Atomorbital 27, 29, 72
Atomradius 48
Atomradius, kovalenter 49
Atomwellenfunktionen 72
Aufbauprinzip 31, 32, 35, 64
Aufenthaltswahrscheinlichkeit 9, 10
Aufenthaltswahrscheinlichkeitsdichte 10, 33, 56
Austrittsarbeit 43

Bahnbegriff 3
Bahnbewegungen 8
Benzol 69, 75
Besetzungszahl 31, 32
Beugungsbild 2, 10
Bewegungsenergie 51
Bindung, kovalente 58
Bindungsabstand 13, 45, 48
Bindungsdekrement 46
Bindungsenergie 46, 54
Bindungsordnung 46, 49, 65, 70
Bindungsradien 48
Bindungsregion 56, 63
Born-Oppenheimer-Approximation 50
Born-Oppenheimer-Näherung 52
Bor-Wasserstoffe 69

Coulomb-Abstoßung 57

Diboran 69
Dipolmoment 58
Dissoziationsenergie 54
Drehimpuls 1

Eigendrehimpuls 12
Einelektronenzustände 31

Elektronegativität 42
Elektronen, Ladung 1
–, Masse 1
Elektronendichte 13, 17, 19
Elektronenkonfiguration 31, 33
Elektronenpaardichte 68
Elektronenspin 12
Elektronenwolke 22
Elementarladung 1
Entartung 20, 25

Formaldehyd 68
Funktionsbasis 30

Gesamtelektronendichte 41
Grundzustand 20

Hauptquantenzahl 25
Heisenberg'sche Unschärferelation 3, 6
Hund'sche Regel 65

Ionenbindung 58
Ionenstrukturen 71
Ionisierungsenergie 34, 42

Kernkoordinaten 12
Klanganalyse 31
Knotenfläche 26, 61
Knotenkugel 26
Kohlenstoffatom 11
Kraftkonstante 45

Ladung der Elektronen 1
Ladungsdichte 13
LCAO-Darstellung 72

Masse der Elektronen 1
Materiewelle 21, 23, 31, 37, 38, 72
Materiewellenlänge 21

81

Mehrelektronensystem 33
Molekülorbital 61
–, bindendes 75

Naphtalin 70
nichtstationär 18
N_2-Molekül 69
Normierungsbeziehung 14
Nullpunktsenergie 53
Nullpunktschwingung 53

Orbital 27
–, antibindendes 63
–, Atom- 29, 72
–, bindendes 63
–, lokalisiertes 65
–, Molekül-, bindendes 75

π-System 70
π-Verteilung 61
Pauli-Prinzip 37, 38, 57, 77
Periodensystem 35, 37
Planck'sche Konstante 2
Planck'sches Wirkungsquantum 2
Populationsanalyse 71
Potentialkurve 52
Potenzreihe 29
Pyridin 70

Quantenchemie 78
Quantenzahl 24, 28

Radius, Atom-, kovalenter 49
–, kovalenter 43
Resonanzenergie 48
Resonanz- oder Sonderenergie 47
Rotationszustände 52
–, Schwingungs- und 52

Schrödingergleichung 77
Schwingungsweite 22
Schwingungszustände 52
Schwingungs- und Rotationszustände 52
Sonderenergie, Resonanz- oder 47
Spaltversuch 10
Spin 2
Spinkoordinaten 12
Spinstellungen 13
stationär 19

Tetraeder 11
Trennungsenergien, ideale 59

Valenzstrichschema 47
Valenzstrich-Struktur 46

Wasserstoffbrückenbindung 58
Wellenfunktion 21, 22
Wellengleichung 77
Wellenmechanik 2
Wertigkeit 43

Zustände, angeregte 34
Zustände, gebundene 20

Heidelberger Taschenbücher

H. Preuss
Integraltafeln
zur Quantenchemie

1. Band: VI, 162 Seiten. 1956
   Gebunden DM 50,—; US $20.50
   ISBN 3-540-02078-0
2. Band: VIII, 143 Seiten. 1957
   Gebunden DM 50,—; US $20.50
   ISBN 3-540-02207-4
3. Band: VIII, 563 Seiten
   Gebunden DM 185,—; US $75.90
   ISBN 3-540-02739-4
4. Band: VIII, 145 Seiten. 1960
   Gebunden DM 60,—; US $24.60
   ISBN 3-540-02590-1

E. Heilbronner, P.A. Straub
HMO — Hückel Molecular Orbitals

816 pages DIN A 4. 1966
Loose Leaf DM 99,—; US $40.60
ISBN 3-540-03566-4

The tables contain the characteristic values, linearcombinations, binding and charges as well as the possible polarization of selected π-electronic systems models. A machine program for the computation of complicated examples is attached.

H. Hartmann
Die chemische Bindung
Drei Vorlesungen für Chemiker

3. Auflage. 61 Abbildungen.
V, 109 Seiten. 1971
DM 14,80; US $6.10
ISBN 3-540-03145-6

Der Verfasser gibt eine physikalisch korrekte Theorie der chemischen Bindung, die sich aus der Wellendarstellung des Atoms ableitet. Die Theorie kann völlig in den Rahmen der klassischen Physik eingebettet werden.

Preisänderungen vorbehalten
Prices are subject to change without notice

Theoretica Chimica Acta

Editor-in-Chief: H. Hartmann
1975, Vols. 37-39 (4 issues each)

Sample copies as well as subscription and back-volume information available upon request.

Please address:
Springer-Verlag
Werbeabteilung 4021
D 1000 Berlin 33
Heidelberger Platz 3

**Springer-Verlag
Berlin Heidelberg New York**
München Johannesburg London
Madrid New Delhi Paris
Rio de Janeiro Sydney Tokyo
Utrecht Wien

Heidelberger Taschenbücher

W. Bähr, H. Theobald
Organische Stereochemie
Begriffe und Definitionen
XV, 122 Seiten. 1973
(Band 131)
DM 16,80; US $6.90
ISBN 3-540-06339-0

M. Becke-Goehring, H. Hoffmann
Vorlesungen über Anorganische Chemie:
Komplexchemie:
Teilweise mitbearbeitet von K. Chr. Buschbeck
104 Abbildungen
VIII, 245 Seiten. 1970
(Band 72)
DM 19,80; US $8.20
ISBN 3-540-04873-1

D. Hellwinkel
Die Systematische Nomenklatur der Organischen Chemie
Eine Gebrauchsanweisung
VIII, 170 Seiten. 1974
(Band 135)
DM 14,80; US $6.10
ISBN 3-540-06450-8

J. Schurz
Physikalische Chemie der Hochpolymeren
Eine Einführung
76 Abbildungen
VIII, 196 Seiten. 1974
(Band 148)
DM 19,80; US $8.20
ISBN 3-540-06708-6

Z.G. Szabó
Anorganische Chemie
Eine grundlegende Betrachtung
16 Abbildungen und 20 Tabellen. VIII, 159 Seiten. 1969
(Band 63)
DM 16,80; US $6.90
ISBN 3-540-04556-2

Preisänderungen vorbehalten
Prices are subject to change without notice

Springer-Verlag
Berlin Heidelberg New York

MIX
Papier aus verantwortungsvollen Quellen
Paper from responsible sources
FSC® C105338

If you have any concerns about our products,
you can contact us on
ProductSafety@springernature.com

In case Publisher is established outside the EU,
the EU authorized representative is:
**Springer Nature Customer Service Center GmbH
Europaplatz 3, 69115 Heidelberg, Germany**

Printed by Libri Plureos GmbH
in Hamburg, Germany